高等院校艺术设计专业精品系列教材
“互联网 +”新形态立体化教学资源特色教材

创意思维基础

杨　勇　张静如　编著

中国轻工业出版社

图书在版编目（CIP）数据

创意思维基础 / 杨勇，张静如编著. -- 北京：中国轻工业出版社，2024. 11. -- ISBN 978-7-5184-5061-9

Ⅰ. B804.4

中国国家版本馆CIP数据核字第2024CQ7739号

责任编辑：毛旭林

文字编辑：李婧瑶　　责任终审：劳国强　　设计制作：锋尚设计

策划编辑：毛旭林　梁若水　　责任校对：朱　慧　朱燕春　　责任监印：张京华

出版发行：中国轻工业出版社（北京鲁谷东街5号，邮编：100040）

印　　刷：艺堂印刷（天津）有限公司

经　　销：各地新华书店

版　　次：2024年11月第1版第1次印刷

开　　本：889 × 1194　1/16　印张：7

字　　数：200千字

书　　号：ISBN 978-7-5184-5061-9　定价：59.80元

邮购电话：010-85119873

发行电话：010-85119832　010-85119912

网　　址：http://www.chlip.com.cn

Email：club@chlip.com.cn

240488J1X101ZBW

序

对于创意思维的研究，是笔者多年教学工作的必要和专业实践的成果。笔者有一门“创意思维与案例分析”的课程，在不断地备课和授课过程中，笔者进一步梳理了思路、明确了要点，经过深度思考，对创意思维的形成路径做了具体的整理，也使《创意思维基础》的书稿得以完成。

创意思维对笔者影响很大，表现在以下几个方面。

第一个方面，是本科设计课程期间的教学反思。每次在具体设计的落地环节，我们的学生在面对设计课程作业时，由于受到各种思维定式的影响，在创意阶段常常拓展乏力。学生构思一件设计作品时，常常采用线性思维的模式，拘泥于浅层的思维路径，甚至连续几周都无从下手，可以用“想破脑袋”来形容每次的囧境。老师用功上课，学生用功读书，但最后的结局或者说最后作业所呈现的质量却不是很高，其根本原因是思维模式的问题，其中之一就是缺乏创意方法，这也是笔者写这本书的缘由。

第二个方面，是指导学生参加设计比赛的实战经验。多年来，笔者曾指导过几百名学生参加比赛，共获得上百项奖项，获奖率极高，收益颇丰。在指导学生参加设计比赛时，最大的体会是要让学生采用变通空间的思维方式，这种方式能够让学生从平庸思维转换到具有高度的创意思维模式。这也说明，创意并不是神秘莫测的，关键在于要掌握住创意方法。

第三个方面，是作为企业设计顾问的工作经验。笔者每年运用创意思维模式与企业对接项目，所完成的很多创意，在短时间内让企业的项目产品设计品质和效益都有了很大的提升，也让笔者深切体会到创意是快速推动企业发展的有效方法之一。

以上三个方面的经验，是笔者运用创意思维所得到的最直接的成果，也使笔者坚信，创意思维方法的获得是取得成果的有效路径之一。从设计教育方面讲，高校在开设创意思维的专业课程之前，学生获得的创意方法，往往是局限于其本身平庸思维下的思考，缺乏系统的创意思维训练，在创意方法上不得要领。如果能够通过《创意思维基础》这本书来系统学习创意思维方法，让学生从创意思维的训练中获得一些启发，这将为后续的专业课程学习和专业实践打下坚实的基础。

这本书不只是基于设计视角下的思考，书中所阐述的创意九层方法，还能与读者当前的场景进行空间对接。笔者相信无论是偶读还是作为专业参考书应用，本书对解决人生难题、启发智慧、拓展思维都大有裨益。

杨勇

目录

课时安排

章节	课程内容	课时	
第一章 认识创意思维	第一节　创意思维	1	4
	第二节　创意的特质	1	
	第三节　创意是问题的钥匙	1	
	第四节　大脑的创意结构	1	
第二章 创意思维与潜意识	第一节　认识潜意识	1	5
	第二节　潜意识与墨菲定律	1	
	第三节　如何发现潜意识	1	
	第四节　自我暗示是连接潜意识的通道	1	
	第五节　与自己的灵魂交流	1	
第三章 创意思维的屏障	第一节　思维定式	2	4
	第二节　负心态	2	
第四章 创意思维的形成机制	第一节　创意思维是多种思维形式的整合	2	6
	第二节　发散、联想是创意思维的主要形式	2	
	第三节　创意思维形成的路径	2	
第五章 创意思维的转换	第一节　视角的认知与转换	1	7
	第二节　空间的认知与转换	1	
	第三节　看到别人看不到的	1	
	第四节　想到别人想不到的	1	
	第五节　做到别人做不到的	1	
	第六节　创意思维的变通力训练	2	

章节	课程内容	课时	
第六章 创意的激活方法	第一节　苹果穿透的实验启示	2	15
	第二节　杯子加水的实验启示	2	
	第三节　创意第一层的激活训练	1	
	第四节　创意第二层的激活训练	1	
	第五节　创意第三层的激活训练	1	
	第六节　创意第四层的激活训练	1	
	第七节　创意第五层的激活训练	1	
	第八节　创意第六层的激活训练	1	
	第九节　创意第七层的激活训练	1	
	第十节　创意第八层的激活训练	1	
	第十一节　创意第九层的激活训练	1	
	第十二节　创意九层的启示	2	
第七章 创意思维的经典案例和评价	第一节　创意设计思维	1	7
	第二节　绘画中创意思维的经典应用	1	
	第三节　设计中创意思维的经典应用	1	
	第四节　公益传播中创意思维的经典应用	1	
	第五节　商业营销中创意思维的经典应用	1	
	第六节　创意思维的评价	1	
	第七节　创造性地生活	1	

第一章

认识创意思维

第一节　创意思维

我思故我在。——笛卡尔①

世界是我的表象。——叔本华②

思维是灵魂的自我谈话。——柏拉图③

思维，是客观世界通过人们的感觉器官映射在人脑中的映像，即：感觉、知觉、表象；是大脑进行逻辑推导的属性、能力和过程；是人类所具有的高级认识活动。按照信息论的观点，思维是对新输入信息与脑内储存知识经验进行一系列复杂的心智操作过程。简单来说，就是人怎么想、人的大脑是如何运转的，可以说，有什么样的思想，是由有什么样的思维方式来决定的。因此，无论对于什么学科，思维都是极其重要的。

创意思维是人脑对客观事物本质属性和内在联系的概括和间接反映，以新颖独特的思维活动揭示客观事物本质及其内在联系，并指引人去获得对问题的新解释，从而产生前所未有的思维成果，称为创意思维，也称创造性思维。

对于创意思维的定义，其概念比较抽象，从字面上理解比较容易。从思维的先导上看，创意思维的顺序中，思维应该是优先的，笛卡尔说过“我思故我在”，说明“思”在前。有了思维才会有创意。“思维”的字面意思是：“思”所想，“维”就是维系、联系；“创”是碰撞，“意”是结果。“创”是因，“意”是果，它们之间是因果关系。如果按发生顺序排列应该是思维创意，如图1-1所示，但大家更习惯于采用创意思维的叫法，其实两种顺序的意义是相同的。

创意思维的创新性比较强，经常与“创新”联系在一起。创新是人类创造性禀赋的集中体现，赋予了我们创造新世界的能力，使我们突破各种极限。人类的每一次进步，都是创新的结果。

心理学研究表明，创新的能力并非与生俱来，也不是少数人所特有的。创新并不是高不可攀的事，是我们每个正常人都具有的自然属性和内在潜能。著名教育家陶行

① 勒内·笛卡尔（Rene Descartes，1596—1650），法国哲学家、数学家、物理学家。对现代数学的发展做出了重要的贡献，因将几何坐标体系公式化而被认为是解析几何之父。

② 亚瑟·叔本华（Arthur Schopenhauer，1788—1860），德国著名哲学家。是哲学史上第一个公开反对理性主义哲学的人，开创了非理性主义哲学的先河，也是唯意志论的创始人。

③ 柏拉图（Plato，公元前427—公元前347），古希腊哲学家和思想家。

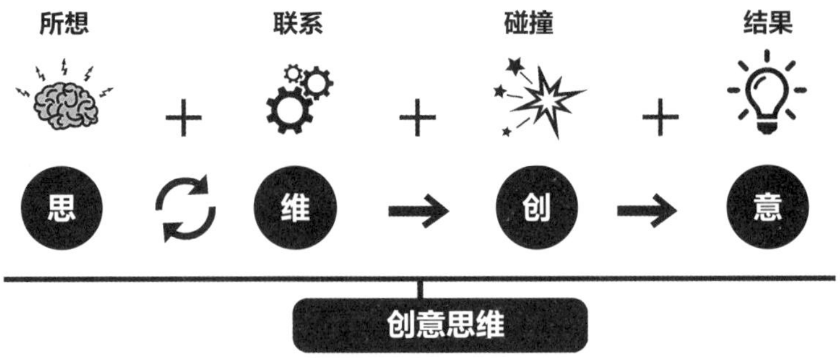

图1-1　创意思维字面解读

知先生说得好："处处是创造之地，天天是创造之时，人人是创造之人"。

创新的能力可以通过学习得以培养和提升，只要我们愿意，无论身在何处，都有学习的潜在机会。而和创意有关的学习必须在广阔的场域中发生才更有价值。当我们不断去洞察，重新定义事物与事物之间的关系，就能看到各种潜能以及可能的变化发展，才能真正运用到创意思维。

创新其实就是：思前人所未思，行前人所未行。在英文中，创新这个词是"Innovation"，它起源于拉丁语，有三层含义：一是"更新"，二是"创作新的东西"，三是"改变"。

再说中文中的"创新"，《现代汉语词典》中是这样解释的："抛开旧的，创造新的。"我们第一时间可能会想到一些新概念、新理论、新技术、新发明等。创新最重要的就是去除旧观念、打破思维定式，它是一系列连续、复杂、高水平的心理活动。具有创新能力的人，他们的双眼可以看到世界的不同之处，他们的思维几乎也同时在高水平上进行。

有个很好的例子说明一般思维与创意思维的根本区别——对"路"的设计。设计师一般会根据人的行为轨迹对路进行设计，但许多设计师在图纸阶段往往采用感性判断来理解人的行为路径，设计出来的效果往往差强人意。而世界著名建筑设计大师格罗皮乌斯[①]，他在设计迪士尼乐园中的小路时就很有创意：在迪士尼乐园建成后，先不设计小径，而是撒上草种提前开放，整个乐园的空地都被绿草覆盖，短短半年里，被踩出很多小道。第二年，格罗皮乌斯让人按照踩出的痕迹铺设人行道，这些根据脚印设计的小道有宽有窄，优雅自然，且实用方便。在1971年伦敦国际园林建筑艺术研讨会上，格罗皮乌斯的迪士尼乐园路径设计，被评为"世界最佳设计"。这个案例充分显现了一般思维与创意思维的差异，创意思维突出一个"新"字。

苏辛洁[②]老师在很早以前就曾提出过："创新就是把两种东西打碎，加把水或加把泥，然后揉在一起，进行重塑"。听起来有点俗，但所传达的道理，正是创意思维的精髓。

① 瓦尔特·格罗皮乌斯（Walter Gropius，1883—1969），德国现代建筑师和建筑教育家，现代主义建筑学派的倡导人和奠基人之一，包豪斯（BAUHAUS）学校的创办人。

② 苏辛洁（1917—1998），号希夷斋主人，江苏省徐州市人，诗词教育家、书法家。

第二节 创意的特质

一、灵光

直接领悟的心，是上天给我们的神圣礼物。——爱因斯坦[①]

举例说一个大家都耳熟能详的故事：牛顿[②]坐在苹果树下，苹果掉落，不偏不倚正好砸到牛顿的头，他由此发现了万有引力，并最终成为了著名的物理学家。那么，他是怎么样发现苹果与地之间的联系呢？那一瞬间到底发生了什么？对于牛顿来说，灵光乍现的那刻，就是创意的关键所在，灵感来了，创造力便呼之欲出。

美国作曲家科普兰[③]曾写过："灵感可能是一种超意识的形式，也可能是潜意识的形式——我不知道。但是我确定它是自我意识的相反词。"

英国浪漫女作家杜穆里埃[④]最擅长写爱情小说，其代表作《蝴蝶梦》（原名《吕蓓卡》）的创作灵感来源于她居住过的一栋名叫"曼纳比利"的乡间别墅。她看到附近农场的一群海鸥跟着一个犁，一个简单又怪诞的念头一闪而出——如果鸟袭击人会发生什么？于是，小说《鸟》出现在杜穆里埃早年的短篇小说集《苹果树》中。

这些故事听起来像是随机发生、毫无头绪的。但仔细想想，其实我们每个人都有过这样的"灵感"境遇。高尔基[⑤]说："灵感常常是在持续和紧张的工作过程中产生的。"由此可见，灵感的发生与我们的内在需求是相互呼应的。同时，灵感也飘忽不定，来去自由，显示出影影绰绰的模糊美（图1-2）。

爱迪生[⑥]有一句名言："天才是百分之一的灵感，加上百分之九十九的汗水。"杰克·伦敦[⑦]也曾说过："你不能坐等灵感，你得拿个棒子追寻它。"经常把生活中看到的任何东西——有关的、无关的，延伸和连接到其他的东西上去，并让这种行为成为日常生活的一种习惯。在创意被激发的过程中，我们可以思考：为什么这些事物凑到了一起？是因为什么把这些事物集合在一起的？

---

① 阿尔伯特·爱因斯坦（Albert Einstein，1879—1955），提出狭义相对论和广义相对论。

② 艾萨克·牛顿（Isaac Newton，1643—1727），提出万有引力定律、牛顿运动定律等，被誉为"近代物理学之父"。

③ 阿隆·科普兰（Aaron Copland，1900—1990），美国作曲家、指挥家、钢琴家，曾担任美国作曲家联盟总监，并获奥斯卡金像奖。

④ 达芙妮·杜穆里埃（Daphne Du Maurier，1907—1989），英国悬念浪漫女作家，英国皇家文学会会员。

⑤ 玛克西姆·高尔基（Maxim Gorky，1868—1936），社会主义现实主义文学奠基人，诗人。

⑥ 托马斯·阿尔瓦·爱迪生（Thomas Alva Edison，1847—1931），发明家、企业家，拥有众多知名专利。

⑦ 杰克·伦敦（Jack London，1876—1916），美国现实主义作家。

图1-2　创意灯泡

“日有所思，夜有所梦”，伏尔泰[①]曾写道：“雄辩家从梦中得出滔滔辩词，数学家从梦中解答，诗人在梦中谱出动人诗篇。”梦境有时也能解决问题和疑惑，成为诗人、作曲家的灵感来源。由此，也可以推断出“梦境”是实现创意来源的通道之一，这个梦不仅仅是睡梦，也包含一种忘乎所以的、投入的状态。

实际上，创意长期潜伏在我们的潜意识中，会在某个特定的环境中被触发，像疏通剂一样打开了连接的管道，这才使我们的创意喷涌而出。“灵感”需要被“催化”，而经催化结合的元素都是原先存储在脑海中的，没有任何元素是“空降”的。如果没有这些元素储存，任何催化剂都催化不出“创新”的反应。

换个形象的比喻，如果我们的大脑是一台计算机，平时搜集并存储在内存中的档案就是创意的原始材料，计算机根据我们的习惯，知道什么时候该存储什么档案。当灵感产生的那一刹那，这台计算机就被启动了，自动搜寻、自动选档，然后将这些不同的档案放在一起，形成创意构想。

灵感是奇妙的。苦思冥想、夜不能寐、如饥似渴、梦寐以求、可遇不可求等是灵感前的心理反应。创意过程就像宋代诗人辛弃疾[②]的诗句：“众里寻他千百度，蓦然回首，那人却在灯火阑珊处。”当创意来临时，那一刹那，灵光一闪、立时顿悟，有拨云见日之感，各种不相干的细节，一下子联通起来，那种惊喜是无法用语言表达的。

二、创意之美

美是感性认识的完满。——鲍姆加登[③]

美是各种各样的，美的笑脸、美的曲线、美的色彩等。我们都知道“黄金分割”，

① 伏尔泰（Voltaire，1694—1778），18世纪法国启蒙思想家、文学家、哲学家，法国资产阶级启蒙运动的泰斗。

② 辛弃疾（1140—1207），原字坦夫，后改字幼安，号稼轩，南宋豪放派词人。

③ 亚历山大·戈特利布·鲍姆加登（Alexander Gottlieb Baumgarten，1714—1762），德国著名哲学家和美学家。

其比值约为0.618，被认为是最美的比例。0.618是一个十分神奇的数字。比如，一个长方形，长的一边为1，短的一边为0.618，那就是最美的（图1-3）。

再如图1-4所示，这种黄金比例之美，在自然界中也随处可见，比如海螺内部环绕的结构、树木年轮生长的节奏和肌理、蝴蝶翅膀的花纹等。古希腊的很多建筑也包含这个黄金比例。更为奇妙的是，人身上也存在这种黄金比。人的躯体部分的长宽比在一般体态下约为0.618，可能过胖或过瘦的人会稍有偏离。此外，一般人的身高与躯干部分的比例也在0.618左右。

在日常生活中，人们通过感觉器官直接感受到美感。感觉器官直接感知到的美，是对外在形式美的感受，单方面从外形去鉴赏，可以使我们直接感知美的基本形式。

克莱夫·贝尔[①]提出“有意味的形式”。从那些近似符号化的原始图腾，到那些趋于写实的中国花鸟画；从那些浓墨重彩的西式风景，到那些玄妙高深的印象画派。无论是粗轮廓的线条勾勒，还是真实的实物临摹，这些作品要么规整有序，要么曲折流畅，这一切都是美的写照。形式美与所有事物的美一样，都遵循着共同的美学原则，有各自美的形态。

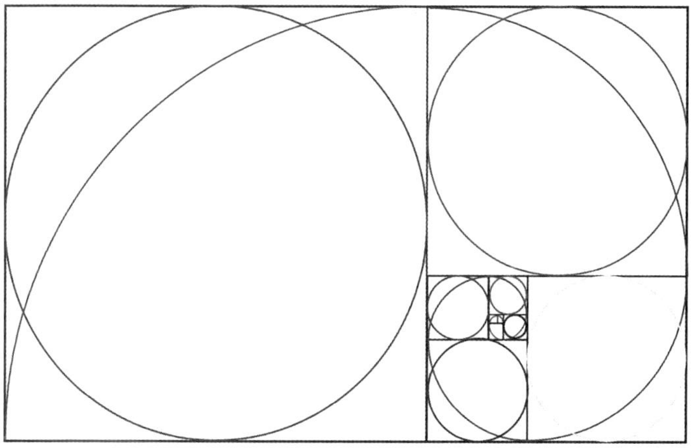

图1-3　黄金分割

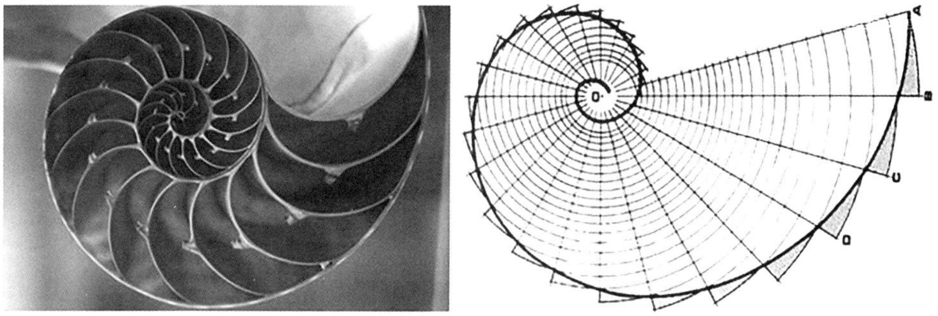

图1-4　黄金分割在自然中的体现和在设计中的运用

① 克莱夫·贝尔（Clive Bell，1881—1964），英国形式主义美学家，当代西方形式主义艺术的理论代言人。

我们可以说，美感具有一定的主观性。爱因斯坦认为$E=mc^2$是最美的；数学家认为数字是最美的；运动员认为打破世界纪录是最美的；美食家认为所做的食物是最美的；一个平凡的工作者所做的工作被肯定，对他来说也是最美的。可见美是以多种形式存在的。同样，创意中也存在着美。通过创意解决很多现实问题，所带来的欣喜也是美的。

大家都知道，笨鸡蛋指的是散养走地鸡下的鸡蛋，是现代消费趋势的热点。如图1-5所示，这则广告是这样写的："真土！真笨！真笨蛋！"短短七个字，没有夸赞鸡蛋怎么好，但把鸡蛋的生态、健康、产地、天然、本土化、生活化表露无遗，无形中能使消费者产生很强的信任感，令人拍案叫绝。这也是一种创意之美。

创意就像过山车，经过一节节曲折起伏，终达目的地。创意成就的愉悦感，瞬间激活的快乐，都是创意带来的美感。

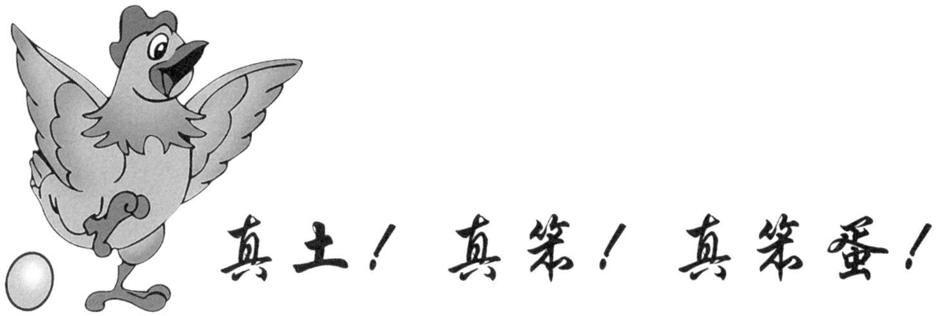

图1-5　笨鸡蛋广告

第三节　创意是问题的钥匙

思维是从问题和惊奇开始的。——亚里士多德[①]

亚里士多德说过："思维是从问题和惊奇开始的。"人的思维总是围绕着问题进行的，没有问题就没有思维。我们常说的"问题意识"，是指在头脑中时时刻刻保持一种主动去发现问题、主动去思考问题以及主动去解决问题的意识。创意实际就是问题的一把钥匙，用好这把钥匙，许多困惑便可以迎刃而解。

有这样一种观点：问题就是一切。实际上，很多时候，答案往往就在问题中。李政道说："提出正确的问题是创新的第一步。"爱因斯坦说："提出一个问题往往比解决一个问题更重要。"

有这样一个例子：一个老师傅带着一个新来的学徒，首先教他如何保养机器，给机器的几个孔加润滑油。学徒不解："为什么要给其中一个没有任何说明的孔里加机油？"老师傅说自己也不知道，是自己的师傅带他的时候告诉他的，这就是"知其然而

① 亚里士多德（Aristotle，公元前384—前322），希腊哲学家、科学家和教育家。

不知其所以然”。后来这个学徒自己探索，终于弄清楚，这其实是一个通气孔，根本没有必要加机油。这就是问题引发的思维动力。

凡事都要问个为什么的本质，实际上即致力于发现问题。只有能善于发现问题，才有可能善于解决问题。

中国传统文化的源头主要是周文化，是周公整理并集成了黄帝、尧、舜、禹时期的文化而形成的。相传尧、舜时期，在交通要道上要树立“谤木”（也就是后来的华表），用以征集老百姓的意见，通过纳谏的形式来治理国家。在我们的印象中，华表是中华民族的符号象征之一，没想到，华表的成因是古代中国以问题为中心进行管理的体现，这也是问题引发探究的成果。

电脑键盘起始字母的设定分别是“Q、W、E、R、T、Y”，这是随意设定的还是有迹可循的呢？大多数人可能会认为：“这是为了输入方便，根据人体工程学设计的吧？”然而并非如此。原来的键盘字母是按照“A、B、C、D……X、Y、Z”正常顺序排列的，但如果打字速度过快，某些键的组合就容易出现卡键的问题。为了防止常用字母挨得太近造成混乱，才故意错开这些字母，改成了现在的排列。由此可见，字母的布局和人体工程学之间并不存在什么必然的联系，我们之所以把这种键盘叫作“Qwerty键盘”（图1-6），是因为键盘第二行左边前六个字母分别是“Q、W、E、R、T、Y”。

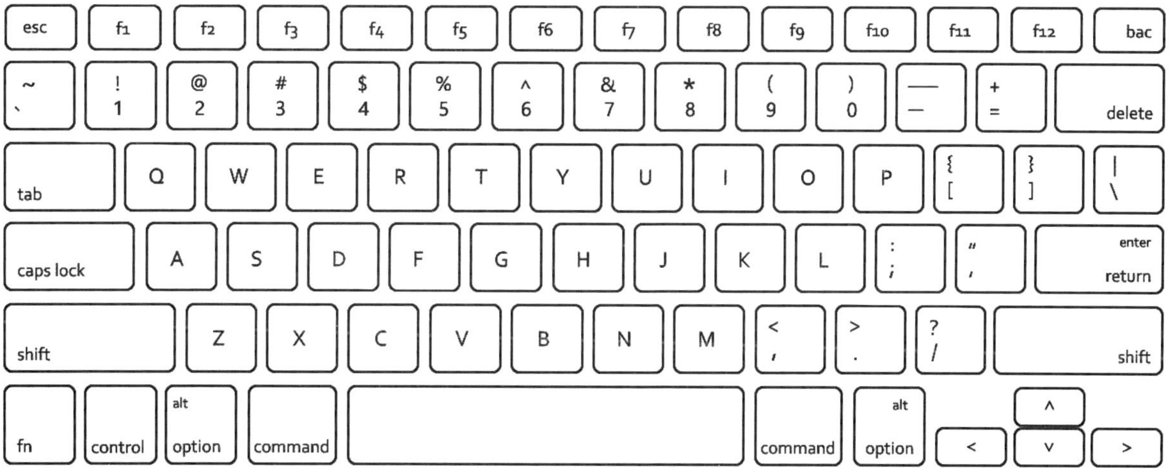

图1-6 Qwerty键盘

然而键盘革命并未自此完结，华盛顿大学的德沃夏克[①]教授认为Qwerty键盘不符合人体工程学，为了追求打字速度，他将最常用的五个元音“A、O、E、U、I”和五个辅音“D、H、T、N、S”键排列在中央，创造出了“DSK键盘”（图1-7）并获得专利。使用这种键盘的选手也多次在打字比赛中获胜。

① 奥古斯特·德沃夏克（August Dvorak，1894—1975），生理学家和华盛顿大学教授。他和威廉·迪利（William Dealey）发明了德沃夏克键盘。20世纪40年代，他又发明单手键盘。

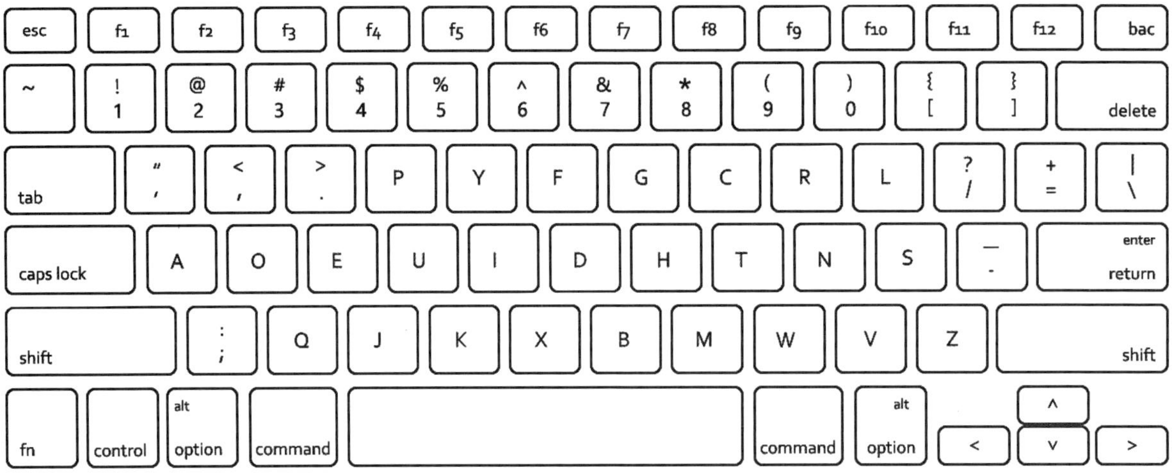

图1-7 DSK键盘

由此可见，问题是探求创意的动力，用新思维来解决问题就是创意思维。对键盘按键："为什么是按'Q、W、E、R、T、Y'排序?"这个问题的思考，引发了创意键盘的形成。

问题引发思维，没有问题意识就无法激发创新意识和创新能力。古人云："千里之堤毁于蚁穴。"小问题也可能折射出大问题。

第四节 大脑的创意结构

一、交融

人脑是宇宙中最复杂的发现。——华生①

创意是神奇的，它的形成存在着一定的条件和规律。如果你了解了创意思维的结构，你就会理解创意的形成不是偶然的行为，而是系统思维的结果。

人的大脑是世界上最复杂的体系之一。有一条长长的细沟将其分为两个半球——左脑和右脑。左右大脑在人的一生中会根据你用脑的趋向不断变化，以适应进化的需求，因而左右大脑是不对等的。我们能够同时使用两个半脑，但两者之间的主要智力功能是分开的。有趣的是，我们脑半球控制的是对侧身体，也就是由右脑控制左手臂，左脑控制右手臂。感官知觉的运作也是同理。

人类的神经系统几乎都是成对分布。由此可知，神经系统的基本原则是：所有的知觉及运动神经纤维在传进脑部前会先行交叉，而交叉点就集中在胼胝体上。胼胝体位于脑中央，由厚厚的神经纤维束组成，包含着二点五亿条神经纤维，负责左右大脑

① 约翰·布鲁德斯·华生（John B. Watson，1878—1958），美国心理学家，行为主义的创始人。

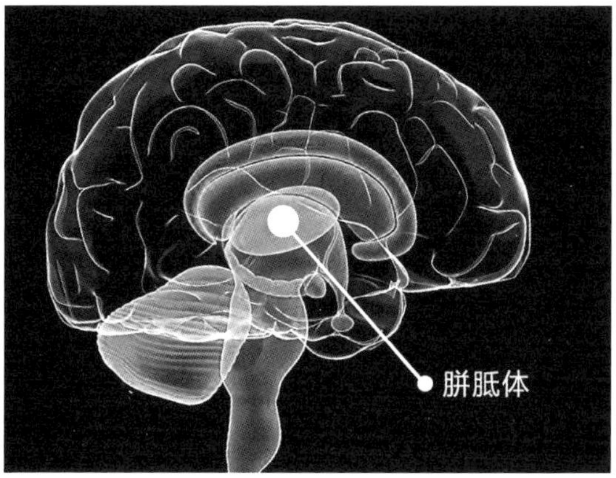

图1-8　脑部胼胝体图

半球间的资讯传输（图1-8）。

显然，思维活动时并不是两个脑模组独立活动，而是不同脑区之间的资讯交换，是经过连接两个脑半球的胼胝体密切合作的结果。可以拿老夫老妻来比喻左右脑半球的关系：随着时间累积，左右脑就像幸福的夫妇，分工处理人生中的大小事。做决定时，一个比较冲动直接，另一个比较懂得逻辑分析，两人彼此互补，共创所谓的关系有机体。这个有机体由两种观点组合而成，只要彼此间沟通顺畅，就会构成一个天衣无缝的团队。

人脑是个系统工程。所有资讯同时进入左右脑中，然后被分开处理，又随时不断整合，最终出现被我们称之为“思想”的东西，并且产生行为。

事实上，左半脑（科学家）和右半脑（艺术家）的区分限制了我们的潜力，所以说，人脑是有巨大容量和无限潜能的，它和所有的自然生物一样进行着有机思维。

细致来说，人的左脑主管：逻辑、语言、数学、文字、推理、分析的思考认识和行为，如图1-9所示。例如，成人严重中风时，如病变发生在左脑，往往会造成失语症，出现部分或完全丧失语言能力的状况，即他有意识，也能够理解别人说的话，但往往不能用语言来表达自己的思想。

人的右脑主管：图画、音乐、韵律、感情、想象和创意的思维。右脑的功能是感性直观思维。比如，有许多左脑损伤的患者，仍然能够在音乐、绘画等领域表现非凡。

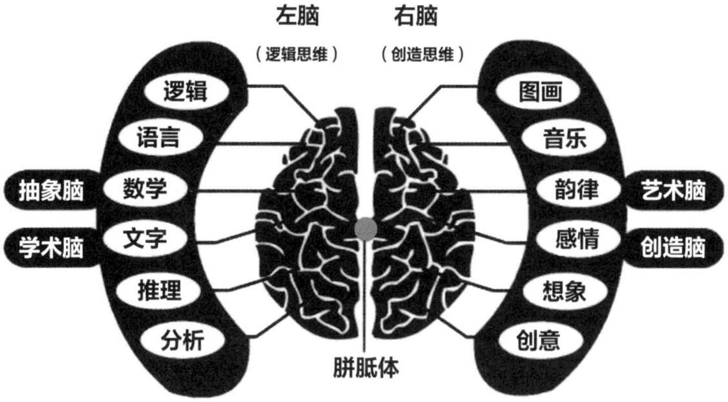

图1-9　大脑的分区图

从图1-9上看，左右大脑主管不同的分区，似乎各自为政。但事实上，大脑处理任何信息，都是左右脑相辅相成、协调统一、沟通整合的过程。这中间，胼胝体起到重要的链接纽带作用。从系统论来看，左脑负责抽象思维、右脑负责形象思维，艺术的右脑和数理的左脑都是相对的。侧看大脑所呈现的是树形结构，胼胝体像树的主杆，连接左右脑。胼胝体成为一种信息纽带（图1-10），而思考就是左右脑的共同作用力。

我们从记忆的案例中可以看出端倪。圆周率我们很熟悉。虽然想要记住3.1415926非常容易，但如果让我们记住小数点后100位，就变得非常困难。本来数字和逻辑是左脑的强项，但单纯用左脑很难解决问题，如果我们将其与右脑的形象思维联系在一起，那么记住圆周率小数点后100位就会变得简单（图1-11）。

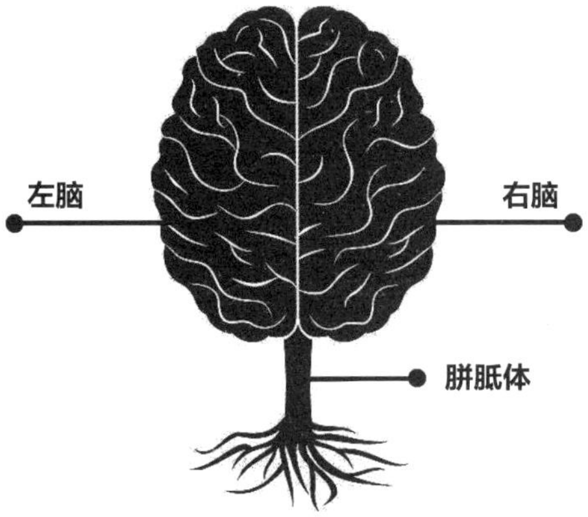

图1-10　大脑的树形态

图1-11　圆周率

我们知道，圆周率小数点后100位是：3.14159 26535 89793 23846 26433 83279 50288 41971 69399 37510 58209 74944 59230 78164 06286 20899 86280 34825 34211 70679 。我们可以采用谐音和形象思维的连接去解决。这就运用到左脑（语言、逻辑、序列）+右脑（形象思维、联想、想象）。

我们可以用四个逻辑层面去分割记忆。

第一个逻辑层面：儿子十分堕落。

山巅一寺一壶酒，（3.14159）儿乐，苦煞吾（26 535）。把酒吃，酒傻儿。（897 932）傻把式，乐而乐（384 626）。

第二个逻辑层面：父亲和儿子玩笑打闹。

傻了算罢了，儿奔沟（43383 279），吾痛儿，白白傻已够戚矣，留给山沟沟（502 8841971 69399）。

第三个逻辑层面：心疼儿子。

山拐吾腰痛，吾怕儿冻久，凄事久思思（37510 58209 74944）。

第四个逻辑层面：接下来开始挽救儿子了。

吾救儿，山洞拐，不宜留（592 307 816），四邻乐，儿不乐，儿疼爸久久（406 286 20899），爸乐儿不懂，三思吧！（86280 348）儿悟，三思而依矣，妻零流妻久（25 34211 70679）。

以上对圆周率小数点后100位的记忆，将数字逻辑转换为形象思维、文字故事，相信一旦你记住这个故事，就自然能够化解记忆圆周率100位的难度。这就是大脑的系统思维。显然，人的思维是左右脑交融的结果。

二、层序

我们常说的大脑新皮质，也就是大脑的最外层，是人类大脑的主体，负责感官知觉、认知活动等等。简单来说，就是“思考”，说明大脑是怎样处理信息，并产生认知意义的。

加利福尼亚的教授罗杰·斯佩里[①]研究发现：大脑新皮质分为6层，共包含300亿个神经元，他们又组成了3亿个模式识别器。它是我们进行分层思维的地方，可以存储多种模式。比如，一个熟悉的人的脸会按顺序存储成百上千次，其中很多次都是在重复相同的图像，只不过展示的是不同的视角而已。

如果我们要完整的塑造和模拟大脑新皮质，能做的最多的就是学习。学习和识别同时发生，并且只要我们获得一个模式，就会马上对其进行识别，大脑新皮质再不断地进行尝试和处理。如果一个层次不能识别这个模式，就会被发送到相邻的更高层次；如果所有的层次都不能识别某个模式，那这个模式就会被视为新模式存储起来，但并不是意味着这个模式的方方面面都是新的。成功识别的模式可能会激发创新，并实现一定余量的冗余，而最佳水平的冗余是非常有意义的。这样体现了一条重要的原

① 罗杰·斯佩里（Roger Wolcott Sperry，1913—1994），美国心理生物学家，美国国家科学院院士，美国科学促进会组织成员，国际脑研究组织成员。

则，即我们只能同时学习一个或至多两个概念层次，只有在学习过程相对稳定的情况下，才能继续学习下一个层次。我们努力地学习新事物，每次都是在学习一个复杂的层次。

大脑新皮质的识别模式是按照层级关系组成的。大脑新皮质中被触发的模式会触发其他模式，作为思想的语言向下一层发送信号，并且遵循层级关系。对大脑新皮质层级结构的深入研究发现，层级越高，新皮质处理信息的过程就越抽象，处理信息涉及的层级越多，处理所需要的时间也越长。信息在层级结构中呈现向上和向下的双向交流。我们想要通过接触整个大脑新皮质来了解一个人的思想内容，需要利用到多种方式，如借助手势等将其思想用语言表达出来。如果表达能力不足，在理解别人的时候也会产生误解。

大脑新皮质的分层能力十分重要，以至于它的体积在进化过程中变得越来越大，最终成为大脑的主体。当我们做一件事或解决一个问题的时候，每每冒出新的想法，然后将其付诸实践，都是大脑在用分层能力进行思考运转，从而不断完善我们的思维方式。

人的大脑是很精妙的，思维和记忆都有一定的规律性。例如，对于我们很熟悉字母表，大家可以一口气完成从“A、B、C、D……Z”的背诵和默写，然而，如果让我们从反方向背出来，就会感觉无比困难，基本上做不到。按理说，倒背和顺背字母表，都只是字母表而已，应该没有什么难度，但我们就是做不到。同理，我们可以脱口而出自己的身份证号，但让你倒过来说出却很困难。另外，从序列中间开始回忆对我们来说也有一定困难。当我们弹琴的时候，基本上很难直接从中间的某一个音开始弹奏。这向我们传达了记忆规律的重要信息，即我们的记忆是连贯有序的，可以按照记忆刻入时的顺序获取，却无法轻易倒序获取。

大脑就像楼梯，拥有层级的“链接”和“连接”。就像“1、2、3、4、5、6、7、8、9、10”的数字排序，拥有“层级结构+连贯有序”，如图1-12所示。世间很多形态都拥有这种有序性，比如DNA的排列都是层级有序的，这也是逻辑的基础。

然而，创意思维的“层序”，突出它的创意性，也就是“层”和“序”的关系。就像我们读书一样，可以从中间读、从后面读、找感兴趣的读，或者让别人读我听，有很多读法，但并不妨碍我们对书的理解。实际上，无论你怎样读，书都自动包含着“层与序”，你只是

图1-12　层序

剪辑了它一下。就像大脑一样，可以存在跳跃思维，但无论怎样跳跃，思维的本身还是包含着“层与序”的片段。

我们在寻找一个成功者取得成功的主观因素时，经常将其归因于荣誉感、责任心、知识渊博、爱情的力量等等。但是，却没有考虑到这些促进成功的动力因素，其实是属于不同的模式层次中的。它们有时候是单独作用于人，有时候可能是综合起作用的结果。

众所周知，世界著名音乐家莫扎特是一个“音乐天才”——他在5岁时就创作了《小步舞曲》，6岁时在维也纳金色大厅为女王进行表演，35岁去世前创作了包括41部交响曲在内的600多部作品。那么，在思维模式理论中，他的音乐天赋意味着什么呢？

莫扎特生于音乐世家，从小受到环境和身边人的影响，除此之外，我很乐意这么解释他的惊人才华：大脑新皮质中某些特定的模式在进化时被最优化了。大脑可以通过更好地识别层次模式来发掘对音乐的天赋，这种先天的天分与后天的培养相结合，让莫扎特成为公认的欧洲古典乐最伟大的创造者。

思维模式的层级可能使人与人之间产生误解。若我们的思维模式处于不同的层次上，就无法进行同构或匹配，这是造成误解的根源之一。当然，有时候误解也可能是情感冲突引起的，那是因为模式层次之间并不一致，只有当交流双方的思维模式处于同一层次时，我们才有相互理解和表达的可能。

对于同一个事物，可以从思维模式的不同“层次”和“层序”来描述。我们尝试用不同的语境来描述“上海”，比如，“上海”这两个字有十三笔画；“上海”在北京的南面；“上海”是个不夜城等。可见，同一概念在不同层次中会有不同的意义。又例如，我们可以把电视节目描述成“演员在说话”，也可以描述成“屏幕上有视频剪辑画面”。这两种描述都是真实的，并且是等价的，我们从来没有因为思维模式的层次不同而在使用上感到困难。事实上，我们常常在思维的不同层次中“上蹿下跳”，但自己并没有意识到。

我们用学段来说明会更好理解。小学、中学、大学、研究生、博士之间存在着不同的层次，并且是层级有序的，你不可能直接就到达博士。但是，如果你足够聪明，也可以跳跃学习，但也是按知识的深浅有序去积累的。层可以上蹿下跳，但序表现的是体系，这种关系就是层序。

层序是大脑中最重要的特质之一，有了它的存在，才让我们的思维井然有序。同样，大脑的层序，给思维提供了一片广阔的创意空间。

三、完形

大脑另一个特征：具备联想和完形能力。当我们面对残缺照片时，我们依然能够进行识别，这就是人类感官系统的强大。想象一张零碎的名人照片，而我们依然能够通过零碎的信息在大脑中组合成完整的画像。这也是为什么我们只凭几个音就可以识别出一首曲子。

下图为两个图形案例，图1-13（a）为5个零碎的弧形，人们在读图的时候，头脑会自动完形成一个正圆。图1-13（b）是不同的直线和圆，大脑在读图时，会不自觉地进行完形构形，构建出两个三角形。

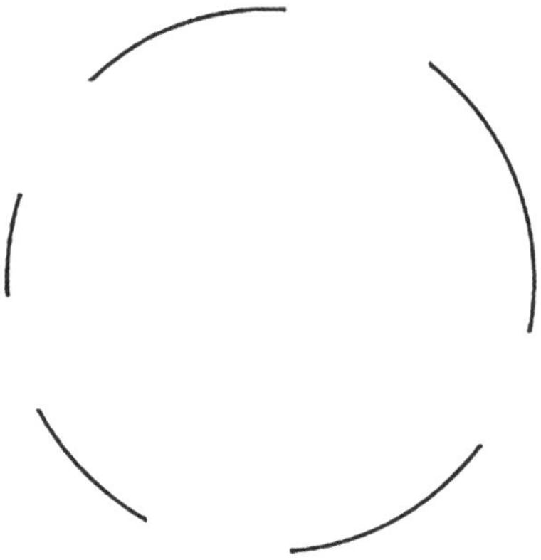

（a）零碎的弧形　　（b）“直线和圆”

图1-13　格式塔完形图一

图1-14在二维平面上是线的分布，但我们大脑的完形思维自动把线进行了联想组合，使我们很容易构建出一个杯子的形态。这种形成的杯子是思维通过“连与链”的联想进行完形。

考古修复也同样采用这种原理，是基于这种联想思维所进行的补缺。这种考古修复建立在对原有结构形态的推演（图1-15）。

跨度大、艺术性很强的作品就很难做出联想判断。只能通过联想去推敲各种可能性，如《断臂维纳斯》雕塑（图1-16）。所以说，参照性是联想最有效的途径，一旦失去参照性，联想就会变得不准确且失去逻辑路径。《断臂维纳斯》就是最好的例证，维纳斯的胳膊走向和形态有各种可能，很难推断出雕像本身的设计，这正是艺术的魅力所在。

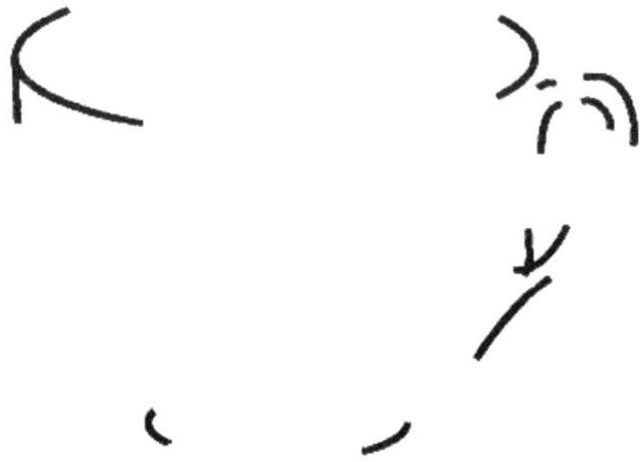

图1-14　格式塔完形图二

图1-15　灵山遗址考古发掘出的器物盘（修复）

图1-16《断臂维纳斯》

思维的完形特征，是典型的“格式塔”[①]理论。组字是典型的“格式塔”完形现象，比如给你“手”和“筒”来进行文字组合，你自然很容易就会组合成“手电筒”。这就为什么我们从小在简体字环境下，但却能够阅读繁体字的原因，不过单独的繁体字我们就无法识别，更不可能写出来。可见，完形原理使问题简单化，也使得创意更加容易上手。这在创意手法中可以借鉴，利用完形手法使创意训练由浅到深地进行。

四、逻辑

逻辑是一切科学的基础。——亚里士多德

逻辑思维是指将思维内容联结、组织在一起的方式或形式，也是人在理性认识阶段，运用概念、判断、推理等思维类型反映事物本质与规律的认识过程。简单地说，逻辑指的是思维的规律和规则。逻辑思维分为抽象逻辑思维和形象逻辑思维。在方向上，逻辑思维又分成各个分支，如数学逻辑、哲学逻辑、生命科学逻辑、设计逻辑等等，下文主要探讨创意方面的逻辑。

逻辑思维能力，是一种重要的认知能力，也是人的基本理性能力。我们常说“合情合理，顺理成章”，这就是逻辑。通常的逻辑我们都很熟悉，比如：数理上的逻辑——1+1=2；道德上的逻辑——“杀人偿命”；哲学上的逻辑——“我思故我在”等。但创意逻辑与通用逻辑有所不同，创意逻辑注重“合情、合境、合理”。如：1+1=3，在数理逻辑上不通，但在人口学、伦理学逻辑上却相通，即一对夫妇有一个孩子，合起来成为三口之家，显然这一等式在情理、情境上成立。“1+1=1”在数理逻辑上不通，但在创意逻辑上相通，比如男人和女人产生了爱情，他们的行为和心理就有合一的趋同思维，成为一体，我们经常说他们是一对（图1-17）。

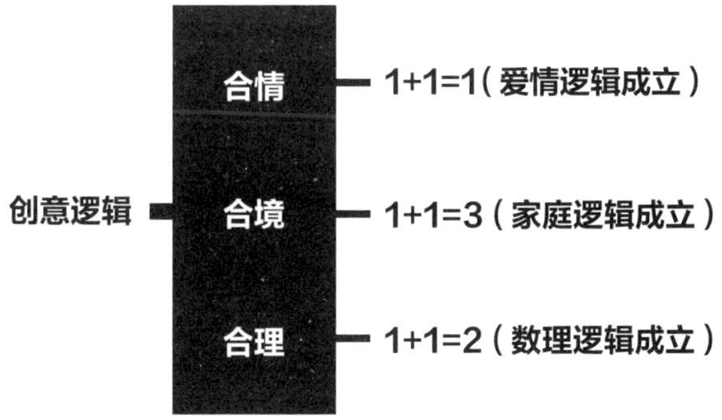

图1-17

“圆”与“方”从文字学上看很难显现其价值逻辑，除非进一步引申。但从图形学角度上看逻辑关系，圆形加方形组成的钱币形状代表着价值，这种表达就很合理，这就是图形逻辑的优势（图1-18）。

---

① 格式塔心理学（gestalt psychology），又叫完形心理学，是西方现代心理学的主要学派之一创始人是韦特海默，代表人物有苛勒和考夫卡。

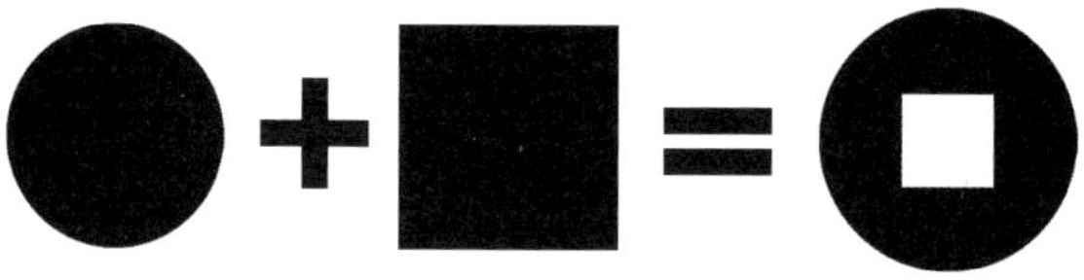

图1-18　圆+方=价值

图1-19是由两把勺子，一个盘子组成的画面，也许是偶然的组合，让画面显示盘子的凹影正好构成一个大的弧线，如果是单纯的盘子，可能没有任何图形意义，但创意巧妙的是：两把勺子的组合，恰似一双眼睛，与盘子的凹影组合成了一个笑脸。本来勺子与盘子只是文字和功能的逻辑关系，现在却通过图像的组合转换成了眼睛与嘴巴的关系，正是这种创意为勺子与盘子的逻辑组合增添了趣味性。

图1-19　勺子与盘子的逻辑组合

创意逻辑也反映在文学艺术上。《随园诗话补遗》中有一段关于李白与汪伦的轶事记录很有意思。李白收到汪伦的邀请信，信上写道："听说先生喜欢游山玩水，我们这里有十里桃花；听说先生还喜欢喝酒，我们这里有万家酒馆。"李白欣然前往，结果到地方一看，发现就是一个普通乡村，哪里有十里的桃林、上万的酒馆？心中暗自埋怨汪伦骗他。汪伦看出李白失望，解释道："十里桃花是我们这的一个深潭，潭边有桃花，人们称它是十里桃花潭，万家酒馆是桃花潭边一位姓万的老板开的酒馆，招牌就是万家酒馆。想必先生也是这么理解的吧！"

汪伦用同一词语"十里桃花""万家酒馆"表达不同的概念，把李白"骗"了过来，但是他的真情实意打动了李白，使他最终写下了"桃花潭水深千尺，不及汪伦送我情"这样流传千古的著名诗句。显然，汪伦采用了"十里桃花"与十里桃花潭，"万家酒馆"与万家酒馆招牌双谐音的逻辑关系，虽在视觉关系逻辑上看起来不成立，显得很假，但在谐音关系逻辑上成立，就显得很真了。

我们都知道晏子使楚的典故。楚人以晏子短，为小门于大门之侧而延晏子。晏子不入，曰："使狗国者，从狗门入。今臣使楚，不当从此门入。"傧者更道，从大门入。"只有出使狗国的人才从狗门入"，这是晏子假设的一个推理，若从狗门入就意味着楚国是狗国，这是假言推理。紧接着他又补了一句："今臣使楚，不当从此门入。"我出使的不是狗国而是楚国，故不应当从狗门入。一下子又巧妙地把楚国从"狗国"的尴尬地位上拉了回来，使对方既挨了骂，又无法还嘴，只落得个自知理亏、自讨没趣的下场。我们可以看出晏子作为一名杰出的政治家、外交家，临大节而不辱，出妙语而制胜，凸显了他思维的敏捷和论辩的严密逻辑性。

美国科学家马文·明斯基[①]指出："逻辑无法解释我们如何思考，正如语法无法解释我们如何说话。"逻辑不会产生新的真理，但是它能让人们评估现有的思想是不是一致且相关，换个词语来形容，就是"按规律"。所以说，逻辑思维是分析、交流理念和观点的有效工具，思维也借逻辑的这种关系来构建创意。

五、可塑

大脑可以通过思维活动，改变自身结构和功能，这个观点，是我们在了解大脑基础解剖，以及神经元基本工作后，对大脑认知最重要的转变。

——诺曼·道伊奇[②]

人的大脑像宇宙一样神秘，存在着无限的潜质，这种潜质需要靠外部环境或内力来激活，才能呈现爆发力。就是说，看似是一个普通人，如果受到外部环境的刺激，他大脑的潜质可能就会被激活，从而改变这个人的人生。

大脑发展是一个动态的过程，其皮层功能的获得也是一个持续的过程。后天环境中的学习和训练可以深刻地改变我们的认知、情感和运动等方面的能力，因为我们的大脑有很强的可塑性。

环境因素也会激发个人成长。比如，李城是一个出生于深山老林里的农民，从2008年来到北京，谋得一份中央美术学院的普通安保工作，他坚持十年不放弃，最后成为央美的一名学子。这说明了认知环境的改变也会激发大脑的潜质。

对大脑进行有效的训练会激发大脑的重塑。《最强大脑》有一期节目中，主持人让选手看一部电影里的一个小片段，里面有一帧的图像被另一个电影的图像替代，这一帧的呈现时间只有40多毫秒，让选手去回答"这张飞闪而过的图片是什么?"正常来说普通人是做不到的，但如果进行十多天的训练，普通人也可以达到。实验表明，大脑通过训练，使初级视皮层以及顶叶、杏仁核和后面的神经网络发生了改变。这也就说明，人的视觉感应能力可以通过训练提升。

另一项实验：一个正常人，从他进入实验室开始便把他的眼睛蒙上，共5天。在这段时间里，他看不见任何东西，无论吃饭、洗澡、上厕所都必须蒙着，他只能通过听觉和触觉感知这个世界。5天之后，他的大脑进行了非常大的重组，换言之，触觉功能短暂占据了视皮层功能。

记忆的概念是指在数秒至数十秒的时间尺度上，大脑保持和操纵信息的能力，是一种核心的高级认知能力。记忆是一种训练，有效地训练可以使我们的记忆得到加

---

① 马文·明斯基（Marvin Lee Minsky，1927—2016），"人工智能之父"和框架理论的创立者。

② 诺曼·道伊奇（Norman Doidge），医学博士，精神科医生、心理分析师，哥伦比亚大学心理分析训练和研究中心教授，多伦多大学精神医学系教授。畅销书作家、评论家和诗人。

强。记忆训练需要科学方法。比如，随便一组数字“04115000001203999281455”，要想全部记住非常难，但我们如果运用科学方法进行训练，记住这组数字就会很容易。运用形象思维、谐音等联结方法记忆，可以把他们拆分成组，分成：0411（区号）500000（五菱）120（救护车）3999（三九胃泰）2814（两把钥匙）55（哭）。合在一起就构成了场景感：大连，五菱救护车，三九胃泰和两把钥匙，哭。从而可以瞬间记住这组数字。如图1-20所示，记忆如果进行长期训练，就会得到大幅度提高和改善。

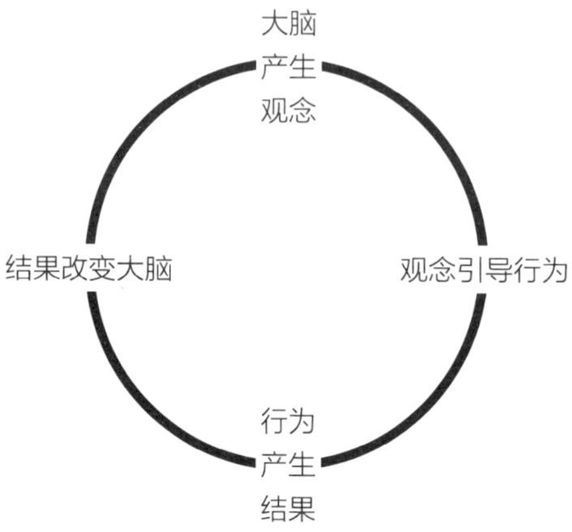

图1-20　大脑可塑关系图

综上所述，思维可塑是指大脑可以为环境和经验所修饰，在外界环境和经验的作用下，具有塑造大脑结构和功能的能力。心理学研究表明，创意与记忆一样，这种能力并非与生俱来，也不是少数人所特有的。创意并不是高不可攀的事，是我们每个正常人都具有的自然属性和内在潜能，普遍存在于我们的日常生活中。

创意能力是通过训练获得的积累，它的表现是潜移默化的，只要我们愿意，无论身在何处，都有可塑的机会。每一天、每一秒我们都要用新鲜的眼光看世界，每当我们洞察到事物的原貌，重新定义事物与事物之间的关系，就自然能够看到创意的脉络，真正体现创新思维的价值。

课后作业

小组任务，通过一个给定的简单问题或挑战来体验创意思维，并记录思考的过程。

思政训练项目

比较分析创意思维在文学艺术上的逻辑，在合情、合境、合理的前提下，创意思维与传统思维方式有何区别？创新思维和批判能力是如何体现的？

第二章

创意思维与潜意识

第一节　认识潜意识

我们常常认为我们所做的一切，背后都有一个很好的理由。但是，我们从未考虑的是，每一个选择、每一个行为背后实际上有一股未知的力量在影响着我们。

——列纳德·蒙洛迪诺[①]

人的大脑是神秘的，人类对大脑的了解就像人类对宇宙的了解，只是冰山一角。宇宙的暗物质深不可测，而人脑中也有一个类似暗物质的区域，那就是潜意识。以上是列纳德·蒙洛迪诺对潜意识的描述。

人的感觉系统每秒都在向大脑传递11,000,000比特的信息，而我们的意识每秒能够处理的信息实际上大约只有16到50比特。我们只能察觉到大约5%的认知功能，而其余的95%都游离于我们的察觉力之外，并对我们的生活造成巨大的影响。可想而知，我们的潜意识具备多么大的能力。以前在心理学界有一种说法：改变你的潜意识才能改变你的现实世界。这其实是有道理的，因为我们人类的大多数活动都受到潜意识的支配而不自知。

你是否有这样的经历，某天你来到一个地方，突然感觉这里你曾经来过；或者，你是否也经历过，莫名地感到要发生什么事，结果真的发生了；本来长相很普通的姑娘，当周围都夸奖她美若天仙时，她真的一天比一天漂亮，当换个环境周围人告诉她长相很一般时，她真的又变成了一般的样子。以上事例，很难用自然科学去解释，但我们都确定它存在于我们身边，这就是潜意识。

潜意识，顾名思义，是指人的心理活动中不能被认知或没有认知到的部分，是人们已经发生但并未达到意识状态的心理活动过程。弗洛伊德用冰山来比喻显意识和潜意识。其中，可见的冰山一角代表了我们的显意识，隐藏在水下的其余大部分冰山，不容易被人发觉，代表着潜意识（图2-1）。

潜意识聚集了人类数百万年来的遗传基因层次信息，包括了人类生存最重要的本能、自主神经系统的功能及宇宙法则，潜意识一经开启，将和宇宙意识产生共鸣，宇宙信息就会以图像的方式浮现出来，心灵感应等“ESP能力”[②]也将一一出现。

① 列纳德·蒙洛迪诺（Leonard Mlodinow，1954—今），美国著名理论物理学家。

② ESP能力（Extra Sensual Perception），一般是对心电感应、透视力、触觉感应力和预知能力的总称，正式的语译应为“超感官知觉”。

图2-1　弗洛伊德“冰山理论”

与潜意识对应的是显意识。显意识就好比手电发出的光，那束光线正是我们的意识过程，它聚焦到哪里，我们的意识就会到达哪里。而照不到的区域占据绝大部分，这绝大部分就是潜意识（图2-2）。

图2-2　显意识与潜意识的关系

大脑的显意识是主体能够清楚意识到的、有目的的，且能够控制的意识，而潜意识则是主体自身意识不到且不能加以控制的意识。潜意识没有逻辑轨道，所以也不受知识、经验、习惯定式影响。潜意识呈现流动不断、无规则、跳跃、弥漫、渗透、自由广泛的特征。

显意识约占总意识的5%，而潜意识约占总意识的95%，换句话说，人类有95%的意识和能量处于未使用状态，这些沉睡的能量一旦能够被唤醒，几乎人人都可以变成“超人”。博恩·崔西说：“潜意识是显意识力量的3万倍以上。”潜意识的爆发力是无限大的。就像我们熟悉游泳，却很难快速掌握游泳技巧，但若有一天你在无意中被推到水里，危急关头，你的潜意识无形中被激发，在挣扎的过程中，你本能地就掌握了游泳的要诀。

1858年，瑞典的一个母亲生下了一个女儿，然而不久后，孩子患了一种无法解释的瘫痪症，丧失了走路的能力。一次，女孩和家人一起乘船旅行，船长的太太给孩子讲船长有一只天堂鸟，她对这只鸟十分好奇，极想亲自看一看。孩子耐不住性子等待，她要求船上的服务生立即带她去看天堂鸟。那服务生并不知道她的腿不能走路，只顾带着她一道去看那只美丽的小鸟。然后，奇迹发生了，孩子因为过度地渴望，竟忘我地拉住服务生的手，慢慢地走了起来。从此，孩子的病便痊愈了，而这个女孩就是诺贝尔文学奖获得者塞尔玛·拉格洛夫①。

潜意识无时不在，重要的是如何激发潜意识。一个真实的故事：美国一位名叫斯蒂文的身体障碍人士，靠轮椅代步20年。有一天，他从酒馆出来，照常坐轮椅回家，却碰上三个劫匪动手抢他的钱包，他拼命反抗，却触怒了劫匪，他们竟然放火烧他的轮椅。轮椅突然着火，斯蒂文竟然忘记了自己的双腿不能行走，他拼命逃走，求生的欲望竟然使他一口气跑了一条街。事后斯蒂文说：“如果当时我不逃走，就必然被烧伤，甚至被烧死。我忘记了一切，一跃而起，拼命逃走。以至于停下脚步，才发现自己会走动。”

心理学家说：“一个人的潜能是无限的，只要能开发出其中的20%便可过无不胜，无所不能。”

从前有一位富翁，他想招纳一个上门女婿，把自己的女儿和万贯家产交付与他。富翁的师爷献上一条征婚妙计，富翁一听，认为很有道理，便辗转相传其征婚启事。城内的适婚有为青年既倾慕于小姐的花容月貌，又垂涎于富翁的庞大财产，便纷纷云集于富翁的豪宅，想碰碰运气。

富翁把众青年带到后花园的一大游泳池旁，兴奋地对参加者公布了比赛方法：只要谁最先游到游泳池的对岸便可赢得美女，继承财产。但年轻人们在看了游泳池之后，都露出一种惶惑恐惧的表情，没有一个敢跳下游泳池。原来，泳池的水虽然不深，但却养着十几条饿了一个星期的鳄鱼，正张牙舞爪地等待喂食。突然，有一位年轻人跳下了水，三下两下地快速游到了对岸。富翁看见这个勇敢的小伙子，心中欣然，非常钦佩他的胆识，心想可以很放心地把自己的女儿和家产交付与他了。于是富

---

① 塞尔玛·拉格洛夫（Selma Lagerlöf，1858—1940），1909年诺贝尔文学奖获得者，瑞典作家，也是世界上第一位获得这一殊荣的女性。

翁上前恭喜并问他何时举行婚礼。年轻人却上气不接下气地愤然大骂："是哪个缺德的把我推下水！"……大家听了这个故事一定会大笑不止，笑过之余，我们是否想到这故事在说明一个道理：人人站在池边，心中只想着鳄鱼凶猛，不敢下水，殊不知一旦跳下，才发现原来人的游泳速度竟然能比鳄鱼还快。这就是在性命攸关的时刻，激发了人的潜能。

另一个真实故事：一天，一个母亲上街购物，把4岁的孩子单独留在家中。购物返回，走至自家楼房的马路对面时，她突然发现儿子正在阳台上爬。在她看见儿子的同时，儿子也惊喜地发现了她。她下意识地摆摆手示意儿子赶紧爬下阳台，离开危险地段，可儿子却错误地理解她手势的意思，呈一个拥抱的姿势向她扑来，结果一脚踩空，从12层楼上跌了下来。在那一瞬间，一声尖利呼喊仿佛要撕破人的耳膜。谁也没有想到，就在他们觉得悲剧即将发生的时候，却有一道"旋风"不顾一切地从他们跟前呼啸而过，穿过熙攘的人群，绕过川流的车辆，飞越过一条十几米宽的马路，向她儿子坠落的地方冲去。等到人们回过神来的时候，发现她正跌坐在地，4岁的儿子在她怀里哇哇大哭，儿子安然无恙，她却脸色惨白。

事后，人们做过一次次的模拟实验：从12楼窗口扔下一个枕头，让最优秀的消防运动员和世界短跑冠军从相同的距离飞身来救，试验了很多次，却始终差得远。人们可能永远都看不见那个真实的坠落过程，但我们却能看到母亲的速度，它超越生命极限，不为获得世界冠军，为的是自己孩子的生命。生命的潜能足以震惊生命本身。

从以上案例可见，激发潜意识会带来无限的力量。潜意识的世界，是超越三度空间的超高度空间世界，是一种质量、能量、时间和空间完全统一的状态，所以它具有巨大的能量，可以随时出现在任何时空中，能够转化成任何形式的"态"。一些分析人士认为，潜意识聚集了人类数百万年来积累的大量知识，经过充分开发之后将产生不可估量的作用，凡是深深相信并且接受的事情，潜意识都会将它变成事实出现在你的生活中。

第二节　潜意识与墨菲定律

上述案例告诉我们，激活潜意识所释放的能量是巨大的。然而，潜意识就像"双刃剑"，如果负面的潜意识被唤醒，对你产生的影响也是巨大的。很多思维定式的存在与潜意识有着很大的关系，只是我们没有意识到。

生活中，很多人一闻到消毒水的味道，就会非常不舒服。之所以一闻到消毒水就难受，是因为小时候消毒水味道与打针、疼、哭、闹等不愉快建立了某种联系，唤醒了潜意识。人在成长的过程中，如果接收较多的责骂、否定或消极的信息，那么这些信息也会不知不觉进入潜意识中，以后就会偏向接收更多消极的信息，所以越是失败者越容易失败，让你产生似乎这就是"命运"的假象。潜意识中一旦沉积了一定量的消极负面信息，就会在日常的心理活动中影响到我们，使我们出现拖延、消极、自卑、恐惧、忧虑、抑郁等负面的行为和情绪，变成某些人人生失败的主要原因。

我们经常做健身举重，运动前先为自己设定一个目标，比如100次，当我们越接近100时，越觉得困难，哪怕多一下，都会感觉那个1是个很大的挑战。假如，你中间就认为不可能完成，那么就注定不可能完成；假如，你信心坚定，反而能够顺利完成。很多时候，你可能将其归因于心理因素，但其实是潜意识在作怪。

相信一部分读者熟悉“墨菲定律[①]”（图2-3）：你越去想某件事情，越担心某件事情会发生，这件事就越会发生。比如，我们刚买手机，在乘公交车时候，往往最担心的就是手机被偷，因此每隔一段时间就会去查看手机是否还在。这一举动势必会引起小偷的注意，最终导致手机被偷走。越害怕的事情越容易发生，就因为害怕发生，所以会非常在意，注意力越集中，反而越容易犯错误。

再比如，你觉得自己长得不好看，你的潜意识就会强化它，让你越来越觉得自己不好看。我们经历过失眠的痛苦，晚上睡不着失眠时，你越去想“我要睡觉！我要睡觉！”，你的潜意识就越不会让你睡着。所以，下一次如果你睡不着时，可以什么都不去想，也可以胡思乱想，唯一不能去想的就是“我要睡觉”。这是因为，潜意识会想尽一切办法去落实你的想法，并且不论好坏。所以，这也告诫我们，要避免去想不好的事情，多去想好的事情，那样才能越来越好，越来越顺利。

创意中的“墨菲定律”一样存在，当你面对一个创意需求，如果你导入的是“这个创意我想不出来”，那么灵感在你身上就不会出现。创意困难面临两个障碍，一个是你过去不好的潜意识被唤醒，另一个是你的心理导向在潜意识里形成的“墨菲定律”。

图2-3　墨菲定律

① 墨菲定律，由爱德华·墨菲（Edward A. Murphy）提出，亦称墨菲法则、墨菲定理。

第三节　如何发现潜意识

很多时候，你觉察不到潜意识的存在，甚至终生都没有这种意识。医学上很多窥见潜意识的途径是通过催眠的方式实现的。人在被催眠后，潜意识占主导，会更容易显现。催眠现象中的特定场景、特定人物、特定事物以及它们的串联，分别暗示着不同的潜意识需求，以及它们之间种种组合的可能性。

催眠是发现潜意识的通用做法，但即使不采用催眠，我们一样能够发现潜意识的存在。我们可以做个试验：用你的右手握住左前臂不动，并假装你的右臂粘在左臂上，不管你多用力，左臂就是无法从右臂挣脱，左臂挣脱地越用力，右臂就粘得越紧。现在尝试让左臂无法挣脱右臂，想象你的右臂很正常，并松脱对左臂的钳制。然后，你挣脱了（图2-4）。

上述实验是真实存在的，如果你没有这种潜意识的感觉，就说明你对此持怀疑态度，或者是因为意识不够坚定，可以再重复一次，直到显现为止。

潜意识无处不在，无论你的大脑做什么事情，潜意识其实都在主宰着你的精神活动。研究发现，我们可能因为相同的名字而选择了终身伴侣，也可能仅仅因为股票的名字读起来更顺而投资了这只股票。这些看起来像是偶然，其实是必然。可以说，你的生活是由你的潜意识塑造出来的。

潜意识有两个层面：身体层面的潜意识和心理层面的潜意识。身体潜意识表现为临危的潜意识激活；心理潜意识表现为墨菲定律效应。而创意是通过显意识激活潜意识，或者是两者共同的作用力。它们之间的媒介是思维、图像和情感的表现（图2-5）。

图2-4　实验流程

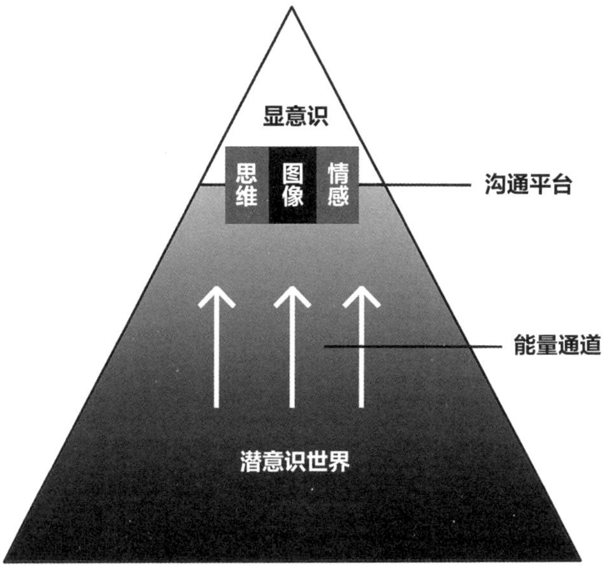

图2-5　创意与显意识和潜意识关系图

思维把显意识和潜意识一起叠合；图像是显意识与潜意识的视觉反应；情感是显意识与潜意识的心理表现。

第四节 自我暗示是连接潜意识的通道

自我暗示是与潜意识相通的，潜移默化地起到重要的作用。

你是不是也有这样的境遇：有一天，你感觉很冷，发现自己似乎感冒了，感觉正在低烧，于是你告诉别人你有点低烧。不久，你真的低烧了，然后，真的感冒了。换个角度，有一天，你感觉很冷，发现自己似乎感冒了，感觉正在低烧，但是并没有告诉谁。你对自己说："不可能！是我的潜意识在作怪。"于是，你不理会它，很快忘了这事，结果你真的不会感冒。

许多癌症患者在他不知道病情的时候，靠自己身体的免疫力竟然战胜了病魔而不自知。而知晓病情者，反而会由于恐惧出现紧张、忧虑、压力、愤怒、愧疚、不安、烦躁、苦闷、恐惧、惊怯、自卑、仇恨、嫉妒、懊恼等负面心理因素，因为自己没有能力对抗这种负面的潜意识，结果使病魔得以滋生，最终极快地走向死亡。身心是一体的，相互作用，所以，你的任何想法都可能对身体产生影响。

显然，墨菲定律的形成机制是自我暗示的作用。墨菲定律就像硬币的两个面，既有正能量也有负能量，你的态度决定了哪个面会显现。消极的负面会让你走向沮丧、悲观和失败；积极的正面会让你走向快乐、勇敢和成功。

改变命运的关键，就是改变潜意识导向。可以通过自我暗示来改变潜意识。每天只要告诉自己能完成目标，你的潜意识就会觉得能成功（图2-6）。但是，你不要让潜意识被负面信息占据，如果你觉得一件事情有可能完成不了，那么还没开始，你的潜意识就已经开始打退堂鼓，觉得完成不了。

图2-6　自我暗示

相由心生，内心是怎么样的，你看到的世界就是怎么样的。内心快乐的人，对待生活必然是乐观的，遇到困难也不会觉得难以逾越；内心忧虑的人，对待生活必然是忧愁暗淡的，即使面对的是一片坦途，仍然会觉得很难。你是什么样的人，就会吸引什么样的人和你在一起。人的一切内心活动都会通过外在的行为表现出来。

时时告诉自己“我能行”“我可以做到”，那么自身的潜能就有可能被激发出来，就有可能实现目标，取得成功。掌握这个原理，其实你会发现生活是可以被掌控的。比如，当你心情不好的时候，可以告诉自己：“我可以快乐起来的”，然后你会发现自己的心情会有所改变；上台演讲的时候，可以告诉自己：“不用紧张，我可以很自如地面对观众”，然后你会发现自己没那么紧张了。这其实也是心理学上所说的自我激励的结果。安慰剂也是这个道理，服用药片来治疗疾病的行为已经深深根植于我们的认识中，这种行为本身就像安慰剂一样，尽管药片本身并没有什么功效。由此可见，我们的潜意识信念似乎优先于有意识的认知。

第五节　与自己的灵魂交流

很多智者能跟自己的灵魂交流，其实他们是在跟自己的潜意识对话。几乎所有人都在时不时地祈求和祝愿，把自己的行为和内心都说出来，这是一种心理的清空，使自己的内心走向平静。这个过程也是与自己的内心对话，与自己的潜意识谈心。

潜意识即是我们的“灵魂”，是脑内的“精灵”，是自我真正的“主人”，也是我们内在的“巨人”，具有不可思议的、令人心想事成的力量。潜意识一旦接收到信息就会生成显意识行为程序，调动你周边的事物，乃至调用整个宇宙的力量来使之成为现实，无论这信息是积极的还是消极的。所以，只要改变了潜意识，你就会看到一个全新的自我！

要真正改变自己，我们就必须与自己的潜意识对话。也就是说，我们应该努力发展与潜意识的关系。这就意味着，我们要认真审视我们的意识在这个世界上是如何运作的。

潜意识是我们的个性、我们的愿望、我们的恐惧、我们的自我形象和我们梦想等一切背后的驱动程序，大量的科学研究证明了潜意识信息的有效性。潜意识信息是一种自我确认，能够绕过你怀疑的意识直奔你更容易接受的潜意识——你的态度、你的自我形象、你的习惯等，无论你选择从任何方面加以改善，都将产生惊人的成效。负面的信息是成功的绊脚石，阻碍你前进的步伐，让你变得讨厌，让梦想离你越来越遥远。要学会控制自己的心智，清理掉内心的负面障碍，随着障碍的清除，就能更接近极乐的状态。你还是你，但所有制约你的负面因素已经彻底清除，正面的信息会促使你前进，让你变得强大。

课后作业（二选一）

1. 你认为什么是潜意识？请结合个人经验或案例进行说明。
2. 潜意识与意识思维之间存在着怎样的联系和区别？试比较并分析。

思政训练项目

你认为自我暗示对个人成长和发展有着怎样的重要性？请举例说明自我暗示在实际生活中的应用，以及应如何通过正向的自我暗示提高个人的思想道德和综合素养。

第三章

创意思维的屏障

第一节　思维定式

在我们了解“思维定式”前，我们先了解一个故事：一头小象呱呱坠地，象妈妈的呵护与母爱伴随着它幸福、自由、快乐地成长。突然有一天，猎人把它捕获，它被拴上锁链，卖到马戏团。开始时，原始的自由欲望让它本能地拼命挣扎，试图挣脱，但因为幼小，所以怎么也挣脱不了巨大的铁链。锁链磨破了它的一只脚，带给它钻心的疼痛。等伤口好了以后，小象再一次拼命挣脱，无奈就是挣脱不了。等到小象一岁的时候，小象再一次试图挣脱，但还是无功而返。就这样，一次又一次，反反复复，都很无奈。一岁、两岁、三岁……小象试过无数次都不能挣脱。随着岁月的积累，小象成了大象，在它心中已经形成了永远挣脱不了的认知，并且已经习惯了这种状态，它接受了这种命运事实。伴随着它的这种认知，直到老去，最后死掉。却不知，在它成年的时候，凭借它爆发的力量，是很容易挣脱这个铁链的，但它没有做，也没有这种意识。

上述案例让我们深思，我们有时候何尝不是那头小象？这就是“思维定式”。

思维定式：指思维在形式上常常采用的比较固定的或者相对凝固的一种思维逻辑、思维推理或思维内容。换句话说，定式思维是指人用某种固定的思维模式去分析问题和解决问题的一种思维模式。从另一角度来讲，思维定式也可以说是思维的一种惰性。从经验角度理解定式思维（Thinking Set）：是由先前的活动而造成的一种对该活动的特殊的心理准备状态，或活动的倾向性。而这种形成的倾向性，是由记忆引发的认知判断，即经验。在哲学上，指人们在同客观事物直接接触的过程中，通过感觉器官获得的，关于客观事物的现象和外部联系的认识。

经验由经历所产生，记忆是经历的投射。

小象故事包含了两个问题。其一，小象的思维是习惯性思维，或者定式思维，是经验认知导致的。其次，小象的情感经历：幼小时的正面情感——幸福、自由、快乐；被俘获以后的负面情感——痛苦、失望、沮丧、无奈、艰辛和束缚，两种情感经历的差异是影响小象思维的真正障碍。

先说思维定式（小象的行为就是“定式思维”），它对于创造性解决问题来说是一种束缚和障碍，使人局限于某种固定的反应倾向，跳不出“框框”，打不开思路。但是，思维定式并非全部都是消极的一面，它其实是一种储备状态，让人在思考问题的时候带有一种倾向性。我们常听人说“驾轻就熟”，这种倾向性对于解决惯常的问题能起到积极的作用，只需要靠记忆或熟练操作就可以解决问题。

我们不可否认，思维定式有积极的一面，例如经验往往能够解决很多问题。但思维定式在创意上往往会成为我们的绊脚石。现实中，大部分人都是基于经验或思维定式进行思考。思维定式对我们的影响有多深，我们自己未必意识得到。

我们不妨做一个小游戏，要求把图3-1（a）中的九个点连接起来。大家可能会有各种各样的连接方法，但绝大多数人会用直线，并且只在一个“框框”内画。尽管我们来自不同的行业，有不同的教育背景、不同的成长经历，但是大部分人都很难突破自己潜意识里的“框框”。我们可以换个角度想想，是不是可以换一种连接方式？如图3-1（b）的连接法，用曲线或者跨出图形的方式，是不是更有新意？

有这么一个问题：有人炒了一锅黄豆和绿豆，但他炒好之后，没有借住任何工具，就一下子将这些黄豆绿豆分开了，为什么？在回答这个问题的时候，很多人陷入了百思不得其解的状态，这就是思维路径、方式、方法的单调化和保守化。也许锅里其实就有一颗绿豆和一颗黄豆呢？

还有一个有关思维定式的趣味实验。如图3-2所示，给出的题目是：六个玻璃杯，前面三只装满了水，后面三只是空的。只移动一个杯子，如何使装满水的杯子和空杯子间隔起来？正确的做法是把第2个杯子里的水，倒进第5个空杯里。你的回答正确吗？如果你回答正确，就说明你的思维通畅。如果你回答不上来，就说明你的思维存在定势。

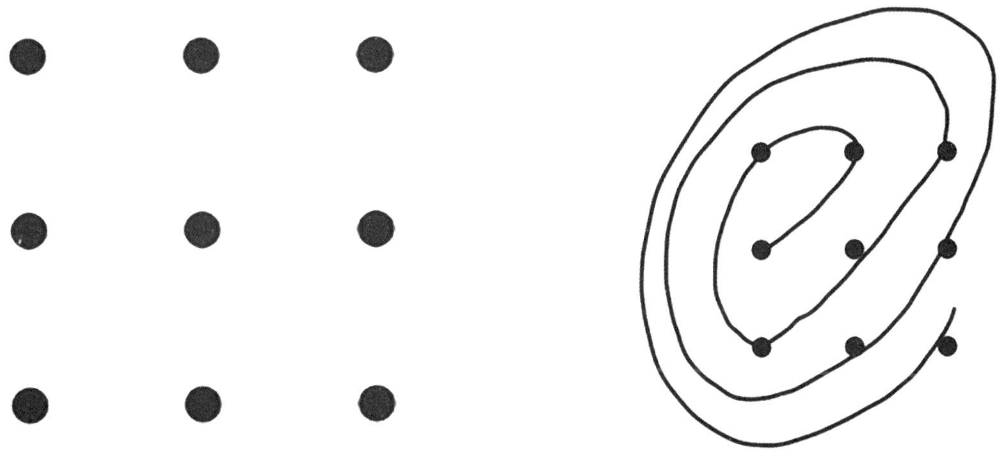

（a）　　（b）

图3-1　九点连线图

图3-2　思维定式趣味实验图

第二节　负心态

俗话说：最大的敌人是自己。我们心中有着两个自己，一个是恶魔的“我”，一个是天使的“我”。恶魔的“我”就是自我的负心态，天使的“我”就是自我的正心态。正心态让我们积极向上，负心态让我们沉沦而下，是阻碍创意形成的最大屏障。

负心态表现为：自卑、消极、沉沦、放任、憎恨、猜疑、矜持、怯懦、嫉妒、冷漠、灰暗、邪恶；正心态表现为：积极、自信、勇气、坚定、敢为、自控、喜爱、平和、热情、乐观、阳光、善良。两种心态决定着创意的形成与否（图3-3）。

态度决定创意的形成，这句话也许听起来有些耸人听闻，或者显得夸大其词，那我们不妨举个生活中的例证：如果你有心仪的人，你在他或她的面前会高度地突出正能量，不可能表现出负能量，你的态度与行为也一定是认真的，因为这是成功的基础，剩下的就是时机和你的勇气。求婚时的那句“我爱你”多么神圣，又多么艰难，你甚至屏住呼吸，感觉时间像停滞了一样。因为，你太害怕被拒绝和失败，这个时候你甚至想借一万个“勇气”给自己。

毫无疑问，创意和求爱一样，需要极强的正能量。你的主动、自信、勇气、坚定、敢为、喜爱、热情、乐观、阳光、善良都对你的成功起到决定性作用。假如自卑、消极、沉沦、猜疑、矜持、怯懦、冷漠、灰暗等负能量占据了你的身心，你就注定不能成功。因此，正能量是成功的关键。

从理论上看得出正心态的决定性作用，但还是有许多人在实际应用时摆脱不了负心态的影响，如不自信、矜持、不坚定、自卑、怀疑自己、缺少执着等，这可能与潜意识有很大的关系。比如，童年时不好的经历，对自己产生了很大的负面影响，形成了潜意识下的压抑，这就需要与自己内心的潜意识进行交流，进行正心态暗示，使自己走出负心态。从科学上看，良好的创意习惯、坚定的信念、强烈的愿望、喜爱、执着、乐观都是解决创意枯竭的有效手法。

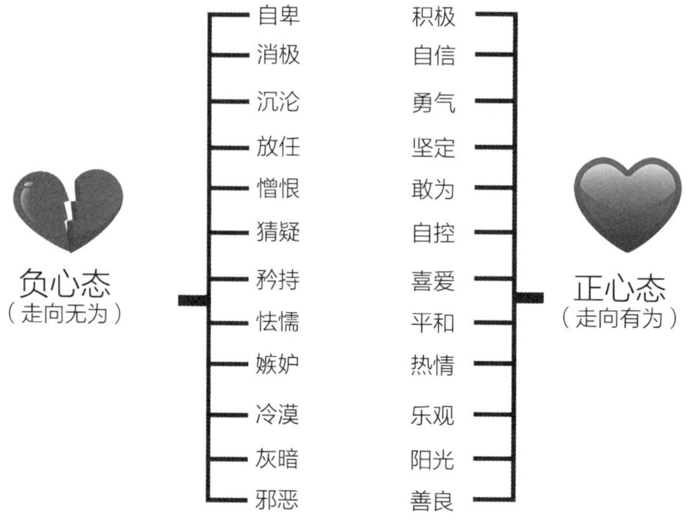

图3-3　负心态与正心态对应关系图

课后作业（二选一）

1. 你认为什么是思维定式？请举例说明思维定式对个人的影响。
2. 请解释什么是负心态，并列举几种常见的负面心态。

思政训练项目

探讨思维定式和负心态对个人成长和创意思维发展的影响，并提出针对性的解决方案：如何避免负心态，树立积极的人生态度？

第四章

创意思维的形成机制

第一节　创意思维是多种思维形式的整合

创意是思维的结果。创意思维有很多思维形式，例如：发散思维、联想思维、聚合思维、线性思维、非线性思维、抽象思维、形象思维、灵感思维、逆向思维、演绎思维、路径思维、归纳思维、移植思维、聚合思维、目标思维、逻辑思维、战略思维、系统性思维、批判性思维、创造性思维、策略思维等，每个思维形式都有它存在的道理，都可能在具体方向上解决问题。

我看过一个对管理者层级的思维认知介绍，读来深受启发。

新时代的管理者必须：
以战略思维谋全局
以辩证思维解矛盾
以法治思维图善治
以系统思维聚合力
以底线思维定边界
以创新思维增活力
以开放思维拓视野

可见，思维是多样的，但也突出一个问题，就是思维需要合力才能发挥效能。就像对管理者的思维认知，不在于其中的某一个，而在于整合思维。整合是把零散的东西彼此衔接，从而实现信息系统的资源共享和协同工作，形成有价值、有效率的一个整体。创意思维是一系列思维形式整合的结果。

一、左右脑相辅相成

大脑由左脑和右脑组成，相对来说，左脑负责语言和抽象思维，侧重理性和逻辑，主要完成语言的、逻辑的、分析的、代数的思考认识和行为；右脑侧重形象情感功能，主管形象思维和感性直观思维，具有对音乐、图像、整体性和几何空间的鉴别能力，主要负责直观的、综合的、几何的、绘图的思考认识和行为。

左右大脑主管不同的分区，似乎各自为政，但事实上，大脑在处理任何信息的时候，都是左右脑相互整合的过程，在这中间，胼胝体起到重要的链接纽带作用。

创意思维的特性，往往是指思维天马行空地连接或链接各种逻辑关系，这也决定着创意思维必须是由左右脑共同合作。

二、显意识与潜意识的交合

大脑的显意识是主体能够清楚意识到的、有目的的、能够控制的意识，而潜意识则是主体自身意识不到，并且不能加以控制的意识。潜意识没有逻辑轨道，所以也不受知识、经验、习惯定式所影响。潜意识呈现出流动不断、无规则、跳跃、弥漫、渗透、自由广泛的特征。

潜意识的激发具有创造性，这就解释了为什么有时候进入梦境能够激活潜意识。创意通过激发潜意识搭建与显意识交融的路径，而这种潜意识是神秘的、不可预知的，所以，机遇总是留给那些有准备的人。很多时候，创意是我们激发潜意识所得到的成果，如果你能激活潜意识，那么将获得巨大的力量。

第二次世界大战期间，苏联为了夺得战争的胜利，急需派300名间谍潜伏到德国，但德语是一大难点。正常学会德语，且具有德国口音，至少需要一年半载，但是时间不允许。苏联军官召集士兵集中宣读命令，要求他们三个月就要能够流利地说德语，几个士兵当时就提出了质疑。军官不顾质疑，反而坚持鼓舞士气，再三问大家能不能做到，士兵全部回答："能！"三个月后，所有的士兵都能够流利地说德语，这成为苏联赢取"二战"胜利的关键点之一。这个案例说明，危急有时会激发大脑的潜能，就像危急时一个弱女子却能背起相当于自身3倍重量的男人一样，这也是人体的奥秘。所以说，实现创意需要诱发潜意识。

三、智力与非智力的共同作用

非智力因素，顾名思义是相对于智力因素来说的。一般认为，智力因素包括六个方面：注意力、观察力、想象力、记忆力、思维力、创造力。非智力因素，指与认识没有直接关系的情感、意志、兴趣、性格、需求、动机、目标、抱负、信念、世界观等方面。我们经常说的智商和情商，其中情商就是非智力的部分。显见，情商的重要性。

美国心理学家特尔曼曾对800位被试者进行了几十年的追踪调查，将成就最大组与最小组进行比较。结果她们发现：创造力的高低，非智力因素在其中起到重要作用。成就强的组在进取心、自信心、坚韧性方面明显高于成就弱的那一组，美国哈佛大学教授、诺贝尔奖获得者温伯格认为：进攻性是形成创造力的重要因素。

创意思维受非智力因素影响很大，比如，当我们不开心、情绪低落时，思维自然会受到影响；当处于放松、心情愉悦的状态时，智力与非智力因素就会被同时激活，大脑呈现活跃状态，创意就会很容易被激发。智力与非智力都是创意思维的重要组成部分，而创意思维是智力与非智力共同作用的结果。

四、求异思维与求同思维的统一

创造力研究中被广为使用的"求异思维"和"求同思维"是美国心理学家吉尔福特在"智力结构的三维模式"中明确提出并予以界定的两种思维方式。求异思维是指：从已知信息中产生大量变化的、独特的新信息，沿不同方向、从多方面、在不同范围、不因循传统和常规的一种思维方式。求同思维是指：从已知信息中产生逻辑结论，从现成资料中寻求正确答案的一种有方向、有范围、有条理的思维方式（图4-1）。

求异思维具有三个重要特征：流畅性、灵活性、独创性。显然，求异思维的这些特征也是创造性思维的主要内容。它在创造活动中往往使人们摆脱习惯性思维的束缚，催生大量新奇独特的创造性设想，在创造过程中占有重要地位。求同思维在创造过程中也是不可缺少的。实际上，求异思维和求同思维之间有着极密切的关联。创造过程是求异思维和求同思维的整合过程，是两者高度协调的结果，是“求异—求同—再求异—再求同”循环往复的过程，随着这一过程的发展，思维层层深入，最终新的思维脱颖而出。所以说，创造力是求异思维和求同思维高度统一的产物。

图4-1　求异思维与求同思维的统一

五、直觉思维与分析思维的结合

爱因斯坦一生中的许多科学成就都是靠直觉思维获得的，如“追光悖论”就是他在乘马车上学途中突然发现的。凯库勒[①]发现苯环结构前，他日夜思索着苯分子的结构该是什么样子的，工作了几个月，却一无所获。一天，他乘坐马车回家，由于过度劳累，在摇摇晃晃的马车上很快就睡着了。他做了一个梦，梦见几个月来设想过的种种苯分子的结构式在眼前跳舞。忽然，其中有一个分子结构式变成了一条蛇，这蛇首尾相衔，变成一个环。他像触电般地醒来，终于提出了苯分子的结构。

直觉思维的特征：突发性、偶然性、非逻辑性、直接性、自动性、快速性、直觉判断和顿悟。直觉思维是以一定的经验或知识储备为基础的思维方式，是分析思维的高度压缩、简化、自动化或内化。创意思维往往是以直觉思维为基点，然后通过分析思维去验证展开。

六、发散思维与联想思维的共同作用

发散思维和联想思维是创意思维中最核心的思维，可以说许多思维都是这两种思维的衍变体，是任何思维模式绕不开的基点。发散思维与联想思维在创意过程中是一种共同作用的关系（图4-2）。

我们以“O”为例。有人问：“‘O’是什么？”音乐家说：“O是休止符。”数学家说：“O是零，是圆。”诗人说：“O是朝阳，满月。”摩登女郎说：“O是耳环，项链，戒指、手镯。”同样是“O”，不同的人有不同的联想。这一切形成的创意，都是发散思维与联想思维共同作用的结果。

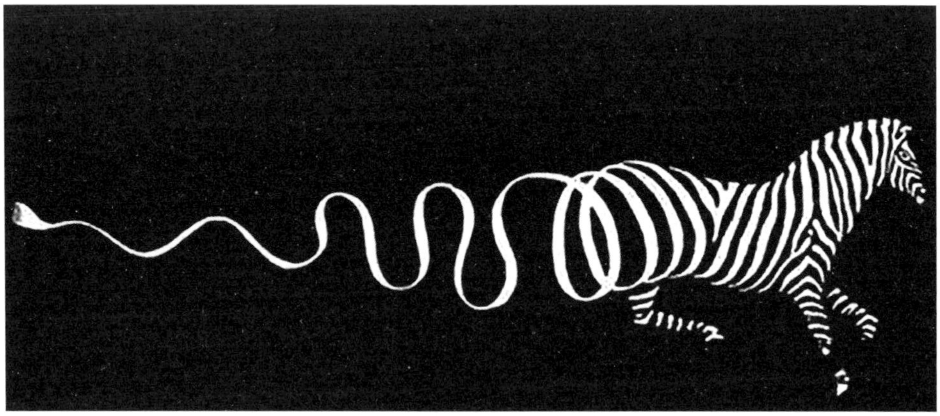

图4-2　发散思维与联想思维的共同作用

① 凯库勒（FriedrichA. Kekule，1829—1896），德国有机化学家。主要研究有机化合物的结构理论。

七、形象思维与逻辑思维的互补

逻辑思维是依据事物构成的内在规律、相互间的必然联系而展开的思索。思维的形态呈现出理性、抽象、逻辑的特征。逻辑思维，又称为“抽象思维”或“理性思维”。形象思维，又称为“感性思维”，依据事物构成的外在特征或外部形式元素展开思索。

日本设计师深泽直人①设计的一系列果汁盒包括：草莓汁、香蕉汁（图4-3）等。直观地看过去，每种果汁盒的外表都与汁液的原生物外表几乎相同，虽然材质运用的是人们熟悉的利乐包，但设计师创造性的抓住水果主体，将其外在形象直接运用到包装设计中，仿佛能够将吸管直接插入水果中吸取新鲜原汁一样。由于大家对水果有着相同的认知，便会促使消费者产生相通的内心感受。这就是形象思维与逻辑思维相互补充的巧妙应用。

图4-3　深泽直人的香蕉汁包装设计

八、空间思维和抽象思维的共同转换

创意思维的本质是发散联想和空间转换。空间转换是形成创意的重要方法。空间的形态复杂多样，基本上分可视具象空间和非视抽象空间。建筑空间、湖面空间、包装空间等是可视具象空间；心理空间、思维空间、哲学空间等为非视抽象空间。创意就是不断地对空间进行定位与转换。

比如，“1”是个数字，实现“1”的创意就需要对“1”进行各种空间的转换。从具象空间看：“1”可以转换为一个柱子（柱子的形状与1相近）、一幢高楼（高楼的形状与1近似）、一根黄瓜（黄瓜的形状与1近似）。从抽象空间上看：“1”可以转为壹、

① 深泽直人（Naoto Fukasawa，1956—今），日本著名产品设计师，家用电器和日用杂物设计品牌“±0”的创始人。

转为I（i的大写）、转为衣（谐音）等。都是基于空间思维的转换。

创意思维是一系列思维形式及关系的整合。其构成主要包含：左右脑相辅相成、显意识与潜意识的交合、智力与非智力的共同作用、求异思维与求同思维的统一、直觉思维与分析思维的结合、发散思维与联想思维的共同作用、形象思维与逻辑思维的互补，以及空间思维和抽象思维的共同转换。可以说创意是思维形式及关系共同作用的产物。

第二节　发散、联想是创意思维的主要形式

思维是创意的基础，创意离不开思维，而思维有很多种形式，就目前所掌握的形式大约有几十种，但其基础主要为发散思维。受各种思维教科书的影响，大家印象中对发散思维的认识是单一的。

一、对发散思维的认识

发散思维

发散思维（Divergent Thinking），又称辐射思维、放射思维、扩散思维或求异思维，是指大脑在思考时呈现一种扩散状态的思维模式。发散思维与人的大脑神经元结构很类似，是以突触点为中心的神经元放射的相互连接体，既存在以突触体为中心的点，也存在两个突触体连成的线，或存在三个突触体连在一起的面，亦存在多重突触体的相互穿插，是点、线、面一体的立体链接。不能单一地看待大脑的突触体，而应该立体地看待它。这让我们认识了，发散思维不应该是单一的发散，而应该是立体的发散（图4-4）。

传统上的发散思维是二维平面的（图4-5），但真正的发散思维是立体的。发散思维不是概念上的二维放射，而是向烟花一样的三维放射（图4-6）。严格意义上说，发散思维是点所展开的立体思维。发散思维它表现为思路开阔、妙思涌泉，思维呈现出多维发散状，如“一题多解”“一事多写”“一物多用”，具有举一反三、触类旁通等特点。

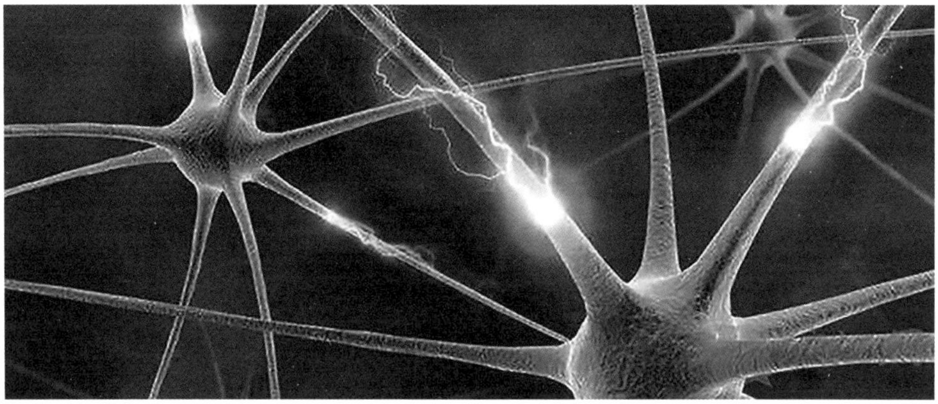

图4-4　大脑的发散式结构

图4-5　二维的发散思维

图4-6　三维的发散思维

图4-7　x横轴、y纵轴

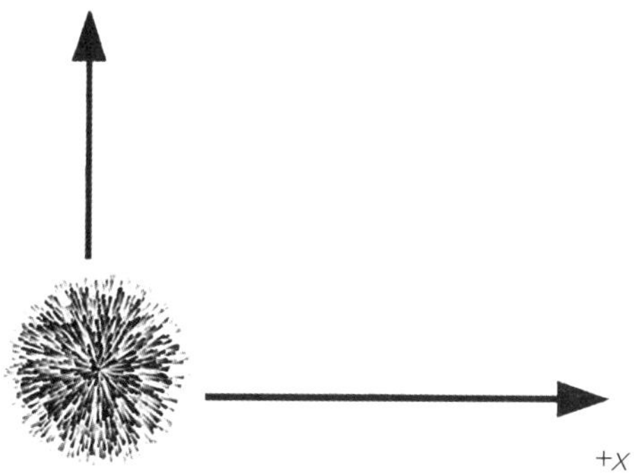

图4-8　x轴横向思维、y轴纵向思维

单纯从点的视觉上看，发散思维最初的形式来自一个“奇点”。由点进入二维状态的扩散，进而成为点的立体扩散。严格意义上说，这种立体的“点的扩散”，沿着x轴平移的思维构成横向思维，而“点”沿着y轴指向动态纵深的思维构成纵向思维（图4-7、图4-8）。

发散思维的基础是“点”，随着x、y轴的扩展构成发散思维的面，即横向思维和纵向思维。发散思维同时具有x、y、z方向的全方位立体思维，如图4-9、图4-10所示。可以说，创意思维不是单一的思维，而是各种思维交织的立体思维，是思维复杂的整合过程。

从平面角度上看，发散点是单一的；从立体的角度上看，发散点是立体的。发散思维的纵向思维、横向思维是相互转换的。站在y轴上看，z轴成变成了横向思维，x轴成了纵向思维，同样站在x轴为基点，那么z轴就是横向思维，y轴就是纵向思维。所以说，从立体角度看待，纵向思维和横向思维甚至立体思维都是同一种思维，只是所处的位置不同、视角不同。

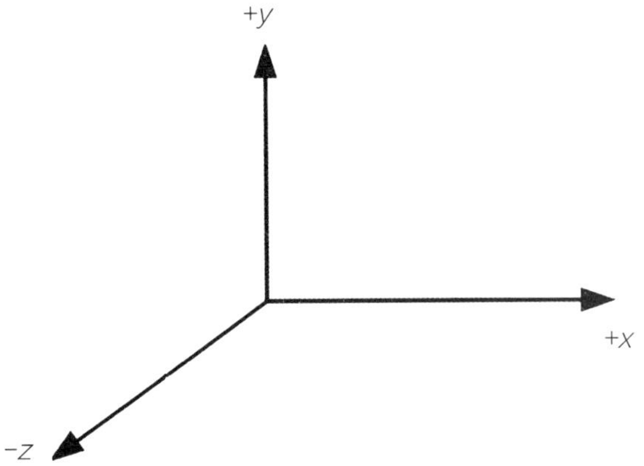

图4-9　三维轴线图

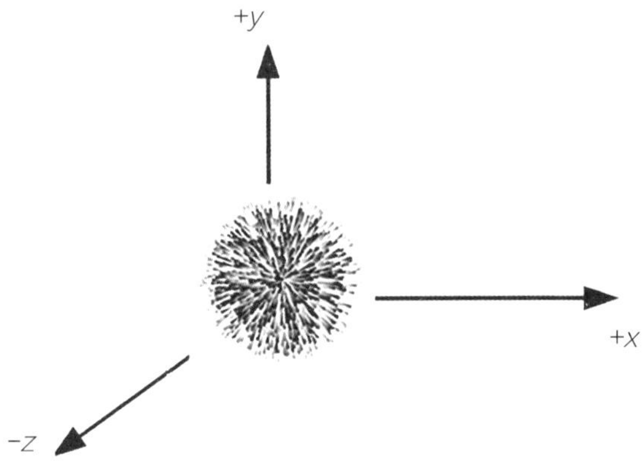

图4-10　立体思维是基于三维轴线的思维

为了能够正确理解发散思维的特点，我们以某位无名作者写的《红》为例。这首诗就是典型的发散思维模式，它以“红”为基点，向四周发散。形成“红—血—危险—玫瑰—恋人—番茄—烈火”的逻辑扩展。

《红》

红，血之色

生命之象征

红，危险之色

死亡之象征

红，玫瑰之色

美之象征

红，恋人之色

团结之象征

红，番茄之色

健康之象征

红，烈火之色

欲望之象征

与发散思维相反的是聚合思维，或者称“凝聚思维”“收敛思维”，这种思维强调收敛作用。聚合思维是一种直接的总体性思维，即迅速抓住事物的核心和本质，概括出问题最为关键的核心内容。发散思维是以点到面再到立体的思维；而聚合思维是从立体到面再到点的思维。聚合思维造就了逆向思维的形成。

二、联想发散是创意思维的主要手段

如果说发散思维是创意思维的主要方式，那么联想就是创意思维的主要手段。前一章节中关于创意的路径已经阐释过，联想是创意形成的先决条件之一。联想指的是“联+想”的组合，统称联想。而联由“连+链”组成；想由“想+象”组成（图4-11）。

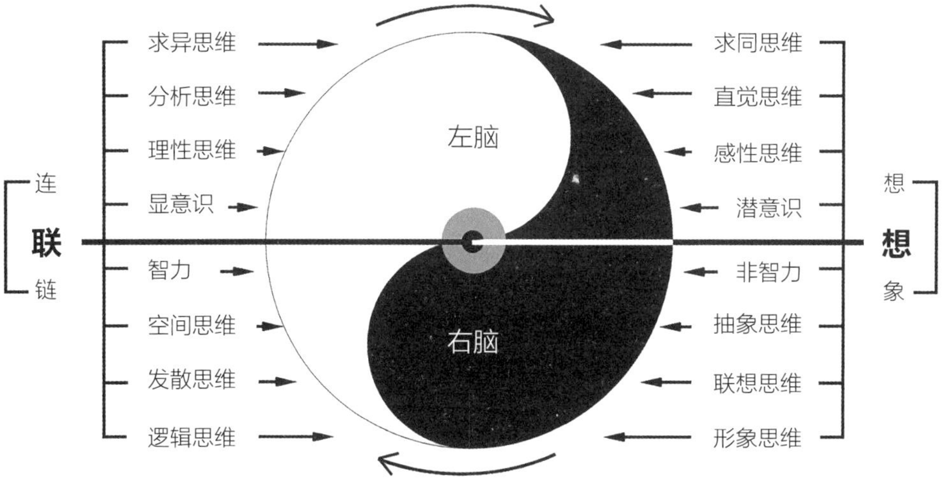

图4-11　联想

我们试想，发散思维是点的放射，发散不是目的，而是寻求相连或相链。发散就像求偶一样，寻求相互之间的“联姻”，所采取的方式可能是直接连接，或者是间接链接，都会产生一个结果。连接或链接的同时，需要在大脑中构想，判断虚拟结果是好的还是坏的，需要用逻辑（合情、合境、合理）去判断检验，这一切都是一瞬间在大脑中同时发生的。联想是一个思维体系，所以说发散思维与联想思维是一种共同运作体。如果说发散思维是创意的枝干，那么联想思维就是创意的花朵和树叶，花朵需要招蝶，叶子需要引凤，创意果实就是花朵招来的蝶、叶子引来的凤，是相连或相链的结果。

花朵或树叶招什么蝶、引什么凤，这是个选择的问题，需要看是不是符合逻辑（合情、合境、合理）。如果一切都符合，那么花招上了蝶，叶引到了凤，就可以成功“结果”了，这就是创意的形成。

联想是“联想+想象”的统称，有许多方式和手法，其主要的手法有：相似联想、相关联想、因果联想和反向联想。下文以“伞”为例，阐释不同类别的实际应用。

（一）相似联想

相似联想，就是寻求语义上的近似性，构建其连接或链接的可能性。相似联想包含形象联想和语义联想。形象联想很容易理解，就是寻求形态上的相近性，而语义联想就是内涵上的相似性，比如“关爱”，我们会自然理解在保护伞层面上的呵护。我们以“伞”为例，进行发散思维联想：伞——“傘”（字形相似）；伞——蘑菇（形状相似）；伞——父母（儿女的保护伞）；伞——亭子（外形相似）；伞——牵牛花（伞的反向形状）；伞——天平（伞的反向形状）；伞——降落伞（形状相近）；伞——保护（保护伞）；伞——安全（安全伞）；伞——漏斗（形状相似）等（图4-12）。

（二）相关联想

相关联想是一种链接关系，寻求与原事物的因果关系。如：伞——商人（买卖伞的人）；伞——白蛇传（许仙举伞）；伞——《雨巷》（带伞的歌曲）；伞——天堂（伞

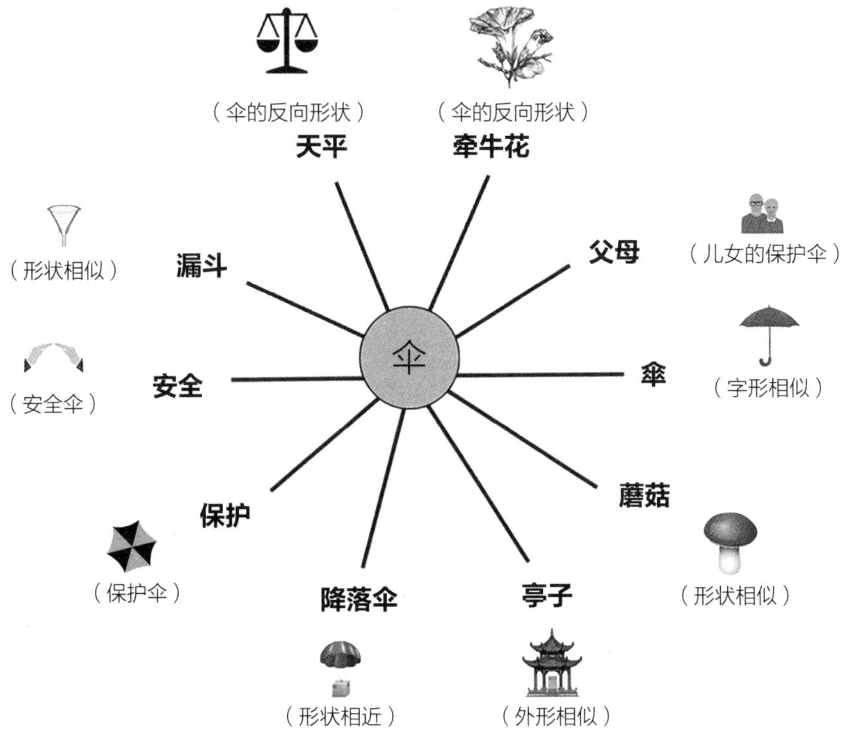

图4-12　以伞为发散点的相似联想

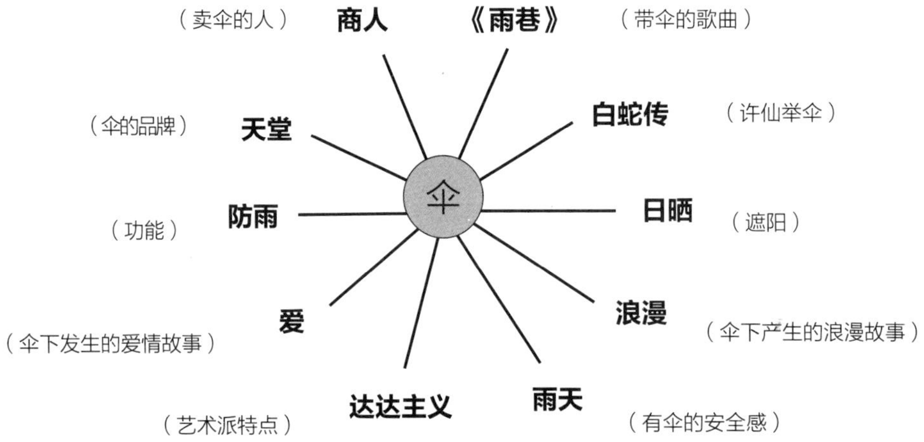

图4-13　以伞为发散点的相关联想

的品牌）；伞——防雨（功能）；伞——日晒（遮阳）；伞——雨天（有伞的安全感）；伞——爱（伞下发生的爱情故事）；伞——浪漫（伞下产生的浪漫故事）；伞——达达主义（艺术派特点）等（图4-13）。

（三）自由联想

自由联想，也可以称之为无厘头联想，强调联想的跳跃性思维，创意往往出奇制胜，令人耳目一新。无厘头联想近几年在影视剧中被普遍使用，如周星驰的影视作品，很多采用无厘头的联想思维，受到广大观众欢迎。自由联想在现代语境下非常好用，可以自由舒展，但其本质需要体现合情、合境、合理的逻辑思维。

还是以伞为例：伞——散（谐音逻辑）；伞——umbrella（雨伞的英文单词）；伞——一颗麻，多枝丫，雨一淋，就开花（伞的谜语）；伞——公主（由伞引发的联想故事）；伞——刺客（伞作为凶器）；伞——飞行器（类似笞帚的飞行器联想）；伞——来自天堂的呵护（天堂伞的广告语）；伞——结构（伞字就是房屋侧面的建筑结构）；伞——哦！布雷拉（um brella）。以上是一系列关于“伞”的自由联想，你只要用心，其展开力是无限的（图4-14）。

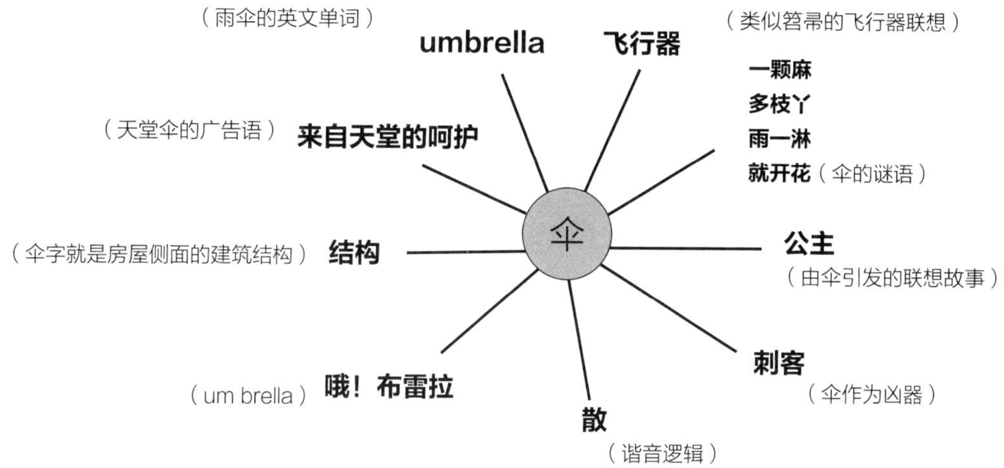

图4-14　以伞为发散点的自由联想

自由联想在诗歌、散文等文学作品上应用比较频繁。如张晓风①的《春之怀古》就是自由联想的典型应用：

> 春天必然是这样：从绿意内敛的山头，一把雪再也撑不住了，噗嗤的一声，将冷面笑成花面，一首澌澌然的歌便从云端唱到山麓，从山麓唱到低低的荒村，唱到篱落，唱入一只小鸭的黄蹼，唱入软溶溶的春泥——软如一床翻新的棉被的春泥。
>
> ——选自张晓风《春之怀古》

发散思维还有许多其他形态的思维，比如：材料发散法——以某个物品尽可能多的“材料”为发散点，设想它的多种用途；功能发散法——从某事物的功能出发，构想出获得该功能的各种可能性；结构发散法——以某事物的结构为发散点，设想出利用该结构的各种可能性；形态发散法——以事物的形态为发散点，设想出利用某种形态的各种可能性；组合发散法——以某事物为发散点，尽可能多地把它与别的事物进行组合，形成新事物；方法发散法——以某种方法为发散点，设想出利用该方法的各种可能性；因果发散法——以某个事物发展的结果为发散点，推测出造成该结果的各

① 张晓风（1941—今），中国台湾著名散文家，现任台湾阳明医学院教授。

种原因，或者由原因推测出可能产生的各种结果等。以上都是发散思维的应用方法，都可以引发创意的形成。

第三节　创意思维形成的路径

联想和想象是双脚站在大地上行进，他的脑袋却在腾云驾雾。——巴尔扎克[①]

联想是创意形成的重要途径，也是构成创意路径的基础之一。联想和想象都是心理的过程，联想侧重于由一事物想到另一事物，由此想到彼；想象是人们在感知客观事物的基础上，对过去经验进行改造并重新组合成新的形象的心理过程。联想是想象的初级阶段，想象是对联想基础的升华。创意是联想与想象的共同作用，密不可分。

创意下的联想，可以归结为“联与想”，而“联”的形成，由“连”与“链”组成；“想”由“想”与“象”组成。

创意的“连”与“链”，是不同的解读。“连”注重两个以上的客体的连接，是亲切友好的，有共同的纽带基础，是自然的连接，“连”是共同的价值基础，其时效是稳固的，是点的扩展对接（图4-15），如中国的“连襟”。而“链”寻求的是主动关系，甚至陌生关系，存在接受与非接受的可能，偶发性与被动的可能，但一旦链接就会有共同的轨迹。“链”有各自利益所在，稳定性弱，容易有新奇感。两者相比较，“连”是平面性思维，“链”是立体思维。“链”是“连”的高级状态，如图4-16所示。

图4-15 “连”的示意图

图4-16 “链”的示意图

① 奥诺雷·德·巴尔扎克（Honoré ·de Balzac，1799—1850），法国小说家，被称为“现代法国小说之父”。

创意“连”的应用在生活中随处可见，可以说是创意思维最普遍的应用，例如一首网络诗歌《晴空》，作者就是把海与天空相连，以达到艺术升华的效果。

《晴空》
什么也没有的
晴空
像风平浪静的海
很想跃入晴空
快快乐乐地游泳
溅起水花
变成白色的云

创意“链”的应用，是“连”的高级阶段。“链”接，更加立体和抽象，应用也较为普遍。“一个亿”是创意“链”接的绝佳案例，画面的内容是：我现在手头上有一个亿，大家有什么项目，通知我一下，一起投资。不然，再晚点，我就洗手不干了……案例中“手头”的双关词义，以及“洗手不干”的幽默诙谐，其中包含的生活内涵出其不意，让创意变得轻松自然（图4-17）。

发明家奥斯本[①]曾经说过：“研究问题产生设想的全部过程，主要是要求我们有对各种想法进行联想和组合的能力。”创意的“联想”，往往是创意的“连”与“链”相互包含和叠加，而不是单纯的“连”或“链”。我们以“0”为例，看看“0”的联想结果所实现的创意。一天，0和8在街上相遇，0不屑地看了8一眼，说：“胖就胖呗，还

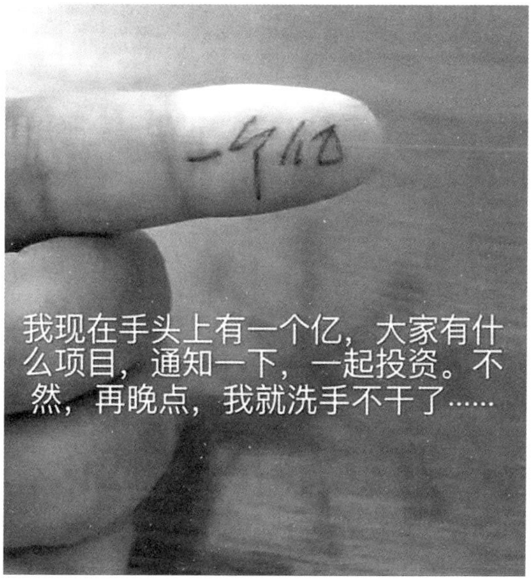

图4-17　创意“一个亿”

① 亚当·奥斯本（Adam Osborne，1939—2003），美国创业家，计算机设计专家。世界上第一台笔记本电脑的发明者，奥斯本公司的创始人。

系什么裤腰带啊！”0对5说：“你该把肚皮收收了！”0碰到9，大吃一惊，说道：“哎，兄弟，怎么截肢了？”0碰到101，很同情地说：“哎，怎么拄上双拐了！”

创意的形成，首先是“连”与“链”的联想；其次，是“想”与“象”的构象，构象的过程形成想象。“想”是思路、想法、idea；“象”是大象无形的象。爱因斯坦道：“想象比知识更重要。”达尔文①认为：“想象是人类最高禀赋之一。”罗宾斯②认为：“想象就是创造。”可见，想象是创意的大胆行为。可以说，人类的发展靠想象力驱动。

如图4-18所示，是表现鲸鱼的一幅想象插画，作者突破海的界限，借想象之力，将其与天空、车、船、灯塔等融合。画面的美感与时空感令人叫绝，这就是一种想象的投射。

以上是对“联”与“想”的解读。表面上对二者进行的单独解读具有一定的合理性，让我们容易忽略这种关系背后的逻辑，通俗地说，逻辑就是：合情、合境、合理（图4-19）。

合情，是指和谐情感，亦指合乎情理。见义勇为的事件常常发生，看到有人做了好事反而成为被告，大家便群情激愤，指责原告的不道德行为，这样的事屡见不鲜。这个现象说明，原告违背了社会伦理，其行为不合情理。如果是原告到被告处进行感恩、感谢就比较合情理，这也是最基本的社会伦理逻辑。

合境，是指符合当时的语境与环境。“微信”作为我们身边的基本社交工具，已经成为我们生活中的必需品。如果你看到某地域的宋代县志里出现A与B通过微信聊天的内容，就会感觉这种事情简直是天方夜谭，非常突兀。为什么呢？因为这不合境，违背了时空逻辑。但如果是演义小说，这种表现反而有新奇感和创新性。

合理，是指合乎道理或事理。如数理上“1+1=2”等，都是典型的基本逻辑，不论是社会逻辑、伦理逻辑、哲学逻辑、图形逻辑、思维逻辑中的哪一种，违反了逻辑关系，所呈现的结果必然是错误的。

图4-18　鲸鱼先生

① 查尔斯·罗伯特·达尔文（Charles Robert Darwin，1809—1882），英国生物学家，提出了生物进化论学说。

② 乔尔·罗宾斯（Joel Robbins，1770—1831），英国剑桥大学教授，哲学家。

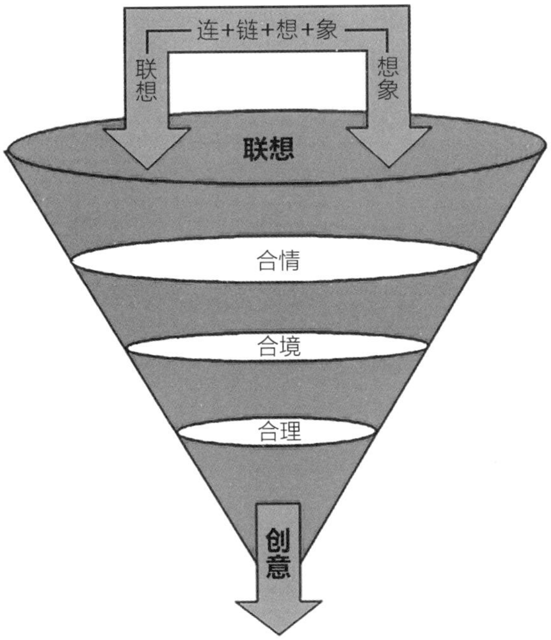

图4-19　创意思维路径图

让创意符合“合情、合境、合理”的逻辑关系是创意学的根本，是检验创意形成的基础。那么，如果全是依仗逻辑的关系所形成的创意，岂不显得古板？恰恰相反，构建创意的逻辑关系，需要对逻辑进行转换，反而使创意更加有生命力。

1+1=3显然违反了数理逻辑，但却符合社会结构逻辑，那就是1个男人+1个女人，生1个孩子，等于3个人，顺理而推，一个家庭自然是1+1=3；也可能会有2个孩子，那就是1+1=4了，以上逻辑关系都可以成立，这就是创意。逻辑转换成功，创意也就形成了。创意，也可以说是转换的过程。

创意思维是有迹可循的。它像蝴蝶的组成结构一样，左边是联想的翅膀，右边是想象的翅膀，中间是形成的逻辑结构，合在一起就是美丽的蝴蝶（图4-20）。

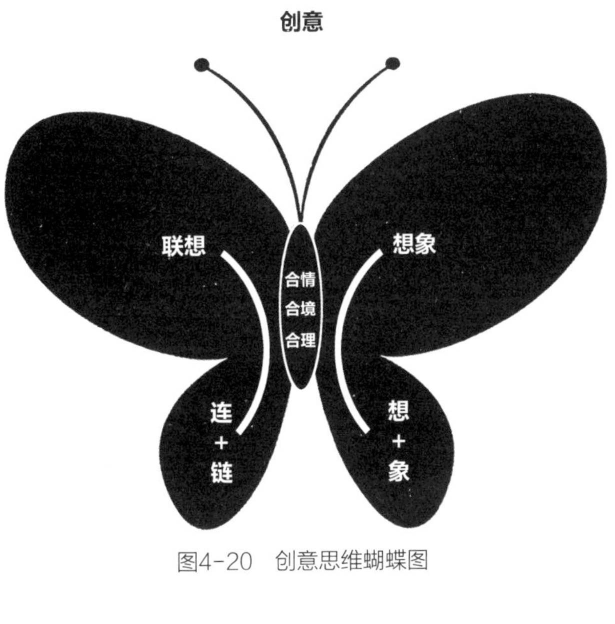

图4-20　创意思维蝴蝶图

$$\text{创意}=\frac{\text{(联想)联(连+链)}+\text{(想象)想(想+象)}}{\text{逻辑(合情、合境、合理)}}$$

图4-21　创意思维路径图

以上是对于创意形成因素的理解，创意路径也一目了然。由此得出，创意是联想下的逻辑，而逻辑指的是：合情、合境、合理。创意思维路径图如图4-21所示：

课后作业

你认为创意思维是如何整合多种思维形式的？请列举并解释至少两种不同的思维形式。

思政训练项目

选择某一设计作品，探讨发散联想在创意思维中的重要性，分析这个作品的创意设计要点，以及这个创意背后的人文主义精神。

第五章

创意思维的转换

第一节　视角的认知与转换

横看成岭侧成峰，远近高低各不同。——苏轼

创意的难点就是要学会视角的转换，并且要保持一种转换的习惯。创新就是一种视角转换的思维。长久以来，我们习惯于一种定式思维路径，这种定式思维是人类的生存天性，是为寻求安全的一种心理围合，一旦将其打破就会带来困惑与不安。

如图5-1所示，这是一张真实的照片，没有任何的编辑。天空中悬浮着一块巨石，它的呈现形态非常不合理，因为我们直观地认为在自然形态下，石头不可能以这种形式存在，一定是贴图或者PS的结果。但当我们把图片倒置过来看，画面一下子变得自然、合理，所获得的惊喜尽在不言中。其实我们只是改变了观看的角度，但结果却出乎意料，这种改变使一切尽显合理。因此，创意就是要改变视角。

改变视角，也许能够瞬间化解难题。提问：如何以最快速的方式把冰变成水？如果你是传统思维，会很难回答这个问题，你可能会构想各种加热设备，以实现快速融冰。其实，你的思维方向一开始就错了，正确的方式是去掉“冫”，直接成“水”，只要转换思维角度，问题就迎刃而解。

在商业领域，不乏有很多“危机”公关的模式，他们通过有效的创意转换，能迅速化被动为主动，甚至成为绝妙的经典创意。某家制药厂生产的新药价格高，由于企

图5-1 “悬浮”的巨石

业资金短缺，投放广告困难，所以一直难于有效地将该药推向市场，公众缺乏了解，企业步履维艰。一次偶然的事件，企业在运输的过程中无意将药品丢失，面临着资金损失和药品危害的风险。这个时候，企业迅速在各大媒体发表声明，告诉公众“丢失某品牌特效药，价格昂贵、疗效显著，鉴于丢失后可能造成不可预料的危害，特别提醒，务必在医生指导下服用，恳请捡到者将药品送回企业，将给予重金奖励。”没想到声明过后，被各大媒体广泛传播，让消费者看到了企业的社会担当和产品疗效，于是自然而然地形成了一种口碑效应。很快，药品的知名度和美誉度迅速攀升，企业实现了危机公关和效益双赢，这一事件也成为了转换思维的经典案例。由此可见，有效的思维转换是实现创意的捷径。

应用的视角转换案例很多，例如，某家有两个孩子，如何公平地给予孩子奖励对家长来说是个很大的难题。这天，家长找来了两个孩子，告诉他们要通过公平竞赛的方式取得奖励。于是，家长牵来了两匹马，分别交给两个孩子，告诉他们规则：谁的马跑得慢，谁就拿到奖励。这时，老二不由分说，上马飞奔而去，把老大甩在后面。竞赛结束后，老二拿到了奖励。事情的结局出乎意料，原来，老二骑的是老大的马。由此可见，转换带来的惊喜立竿见影。

图5-2为一张车位图，来源是香港某小学的试题。该图的试题是：你能在5秒钟内说出汽车是停在几号车位上吗？如果你不能在5秒钟之内给出答案，说明你存在着定式思维。其实很简单，你把图转过来看，答案显而易见。生活中常常需要改变思路，往往需要借助逆向思维才能让真理显现。

图5-2　香港某小学的试题

第二节　空间的认知与转换

空间，是世界上最复杂的形态。最新研究证明，人的大脑具备十一维度的空间能力。我们认知的空间主要是三维空间，即长、宽、高（x，y，z），超出三维，认知就会变得很困难。我们最为熟悉的是建筑空间，因为每个房屋都是典型的三维空间，而我们生活在其中（图5-3）。

三维空间对于我们来说是比较容易理解的，但是对于宇宙空间，我们只能是在心中构建。因为，人类对宇宙的认识是有限的，而宇宙的形态如何没有定论。

创意的研究为什么与空间扯上关系？最主要的原因是，创意的形成取决于对空间的认识。也就是说，你的创意能力取决于你对空间的拓展能力。也可以说，创意就是寻求空间的转换过程，是发现新空间、诠释新空间的能力。

先从点、线、面开始。点，严格来说具备所有的形态，如果把“点”放大，那它具备二维、三维形态，甚至具备所有维度状态，具体取决于我们如何看待。假如把点看成一滴水，那么它就具备一滴水的空间。事实上，从天空看我们自己，人类就是一点，从太空看地球也是一点，再远的话地球连微尘都算不上，所以，对点的认识只能是相对的。就点与形的关系来说，圆点不论大小如何，均会给人以点的感觉。所以，对“点”的理解只能是狭义的理解（图5-4）。

点放大以后，自然就成了面。那么，一张空白的纸就是一个空间，这张纸既能够画出最美丽的画卷，也能够容纳一切，你的想象力有多大，它的承载力就多大。你思维的宽度决定纸的宽度（图5-5）。

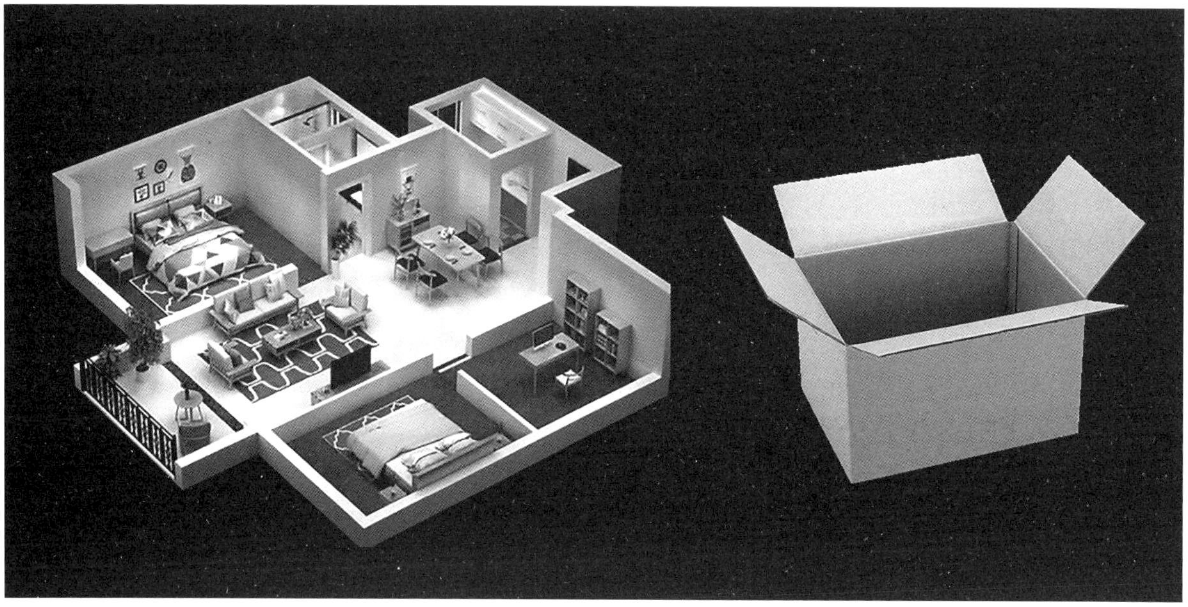

图5-3　方盒子三维空间

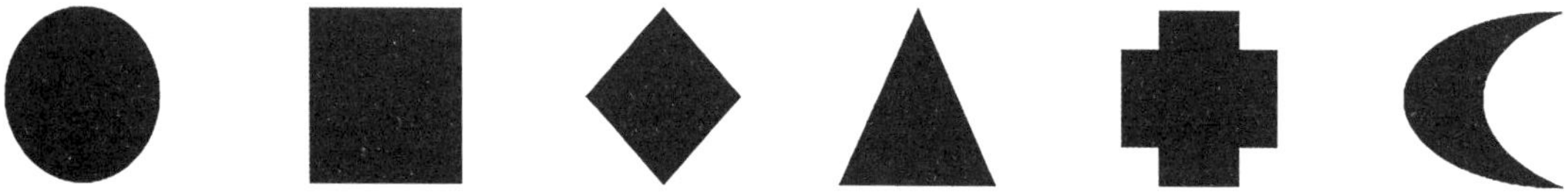

图5-4　点与形的关系

图5-5　纸的空间

图5-6　书的空间

一张纸是一个空间，同样，一本书也是一个空间（图5-6）。如同“一沙一世界，一叶一菩提”。日本的“白”文化，中国的“空”佛境，都是源于对以上的认知与思考。顺着以上对空间的认知，我们试着解读空间转换与创意的关系。

图5-7　打开的门？档案袋？信封？

现在有一张纸在你面前，假如我们把这张纸理解为一扇门，可以试想：打开一扇封闭的门后，呈现的结果有无数种可能性，可能是客厅、是天空、是一堵墙、是蓝天、是魔鬼、是财富、是失望、是忧伤、是惊喜等。此时，你的思维处在兴奋状态。如果打开一扇半透明之门，你看到的是模糊的，你就会依托模糊的认知，拼命地发散联想，寻找所熟悉的事物或形象，此时你的思维会很活跃，熟悉的认知与经验会成为你的定式。当你面前的门是全透明的，不需要打开就一目了然时，你的思维力就没有了，这也造成了思维的惰性（图5-7）。

以上三种情况：门开启前如同少年的我们，有探索的欲望和本能；半透明的门，如同成年的我们，认知经验成了我们的财富，但同样也成了我们的思维定式，需要不断的打破它们；全透明的门就是老年的我们，缺乏思考的原动力，形成了思维惰性。这就解释了为什么孩子创意活跃、思维敏捷，因为孩子看到的是未知的空间，不受定式所影响，就像一张白纸一样，可以书写一切可能。

顺着这个思路，如果你看到门外是天空，等同是一张蓝色的纸张，这种画面感会让你构想无限的可能性。但如果推开门是草原，草原的场景会引发你与草原的联系构建，草原思维定式就会限制你，你只会想到蒙古包、骑马、摔跤、哈达、酥油茶等。如果推开门，映入眼帘是建筑、人群等图像，会进一步收窄你的创意联想。

创意形成的过程，往往是对空间的构建能力或理解能力的考验，对空间的构建能力越强，创意越新奇。还是以上图为例，我们换个思维进一步构建空间。上图恰似一封没有拆开的信，这封信就是一个空间，展开你的创意想象，信里有什么呢？可以有无限种可能。同样，上图也像一个档案袋，那么档案袋里有什么，也需要你进行联想，自此便打开了你的创意之旅。

门、信封、档案袋的形态比较直观，容易理解。假如将门换成杯子，我们如何理解它的空间形态？不妨从两个角度理解它的空间。第一个角度是从外围看，它就是一个杯子；第二个角度是进入杯子内部，你在杯子里，置身其中，你已经看不到杯子了，但你还是属于杯子的空间，假如杯子中有水，那么，这个空间就是：杯子的空间、水的空间与你空间的叠加。这就是空间的包含与叠加。

图5-8（a）、（b）是两幅杯子的照片，一个是空杯，一个是加入水的杯子。从照片上很好理解空间的关系，即都是玻璃材质的围合关系，那么这种围合关系就构成了空间的基本形态。大部分空间都是一种围合关系，如果换一种围合，显然也容易对空间的形态进行理解。图5-9是日本摄影家的作品，主体是由老人和孩子的手围合出了一捧水，画面除了围合出的一个空间外，还有可以许多空间表达，如：人性空间、伦理空间、文化空间、生命空间等空间含义。

（a） 空杯　　（b） 盛水的杯子

图5-8

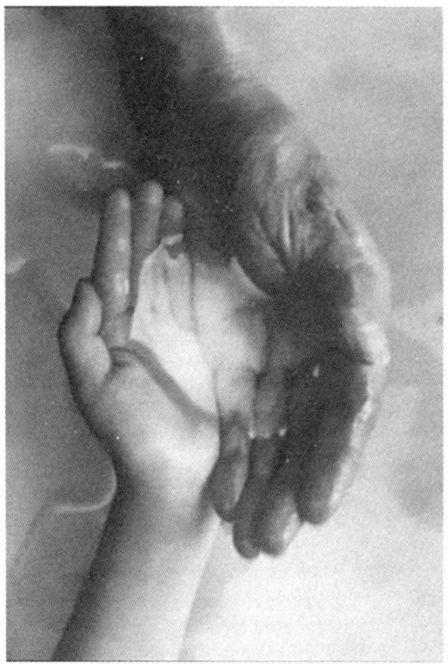

图5-9　手中捧满空间

图5-10　括号空间的思考

我们对空间的思维进一步思考。图5-8和图5-9给出的情形相对比较具象，假如我们给出抽象的围合空间，是不是也能够在思路上给出答案？是不是也能够认识到这也是一种空间？图5-10同理，括号里可以放置无限可能性：文字、一句话、符号、情感都有可能，这就需要你的创意链接。

创意就是对空间的探索和理解，假如大家能够很顺畅地理解括弧的空间形态，那么我们假设生命也是一种空间，生命空间能够放置什么呢？放置蜜蜂就是蜜蜂世界；放置花草就是一花一木的自然世界；放置鱼类就是海洋世界……一旦进入这个世界，就会拥有这份空间。

空间是抽象的，大千世界中的任何事物都有空间，创意空间、思考空间、社会空间、市场空间、生活空间等，空间的存在有无限的可能性，需要用独特的视角去认识，对空间的独特认知就是一种创意和创新。

第三节　看到别人看不到的

世界中从不缺少美，而是缺少发现美的眼睛。——罗丹

看到别人看不到的，这就是观察力。观察图5-11，你看到了什么？如果你的第一视觉看到的是零碎的块面，那么你的观察力有待于提升，如果你第一视觉看到的是“LIFT”字母，说明你的观察力非常强。

观察力不是天生的，是后天经过训练培养的，长期的观察力训练会使视觉认知能力快速提高。我们经常开车上班，从家到单位的过程中，你很少能够注意一路上发生的细节，然而，受过专业训练的特工能够敏锐地观察到沿途的变化。

图5-12是一幅著名的空间训练图，第一眼，你看到了什么？能够看到多少空间关系？如果你只是看到模棱两可的空间关系，那只是直观的认知。其实，中间最核心的图形是一个类似便签本的形态，你看出来了吗？

图5-13是一幅缪勒-莱尔错觉图，你看到的很可能是两条长度不等的直线，但当你实际丈量的时候，会发现其实是两条等长的直线，角的交合方向，让你产生了错觉。实验告诉你，生活中的很多现象只是个幻想，需要你去分辨。

图5-14是我们通常看到的指向性三角形符号，这张图既是视觉训练图，同时也是一张心理暗示图。受传统定式的影响，我们往往第一视觉看到的是共同指向右的三角符号。但我们如果心理暗示一下：能不能指向左上方？这时，我们再看这张图，发现箭头指向了左上方。那么我们暗示指向左下方，那么这时箭头会顺着你的心理所想，

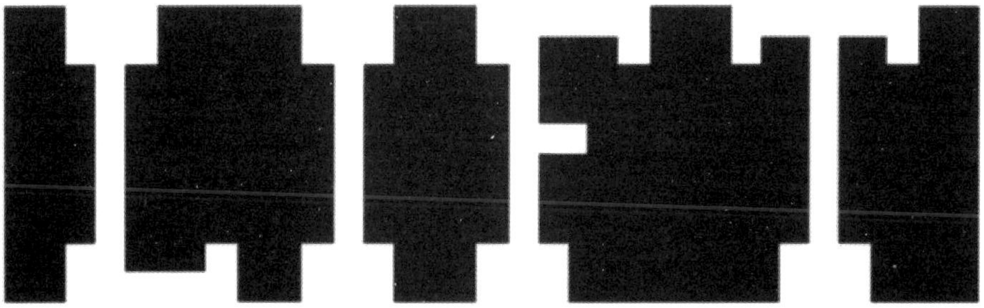

图5-11　观察力图

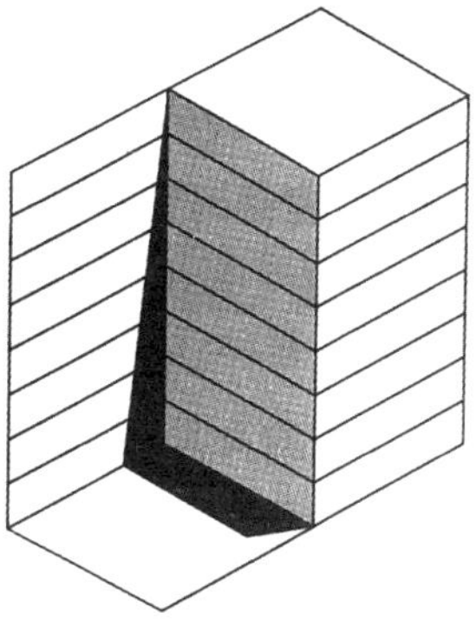

图5-12　一幅模棱两可的图

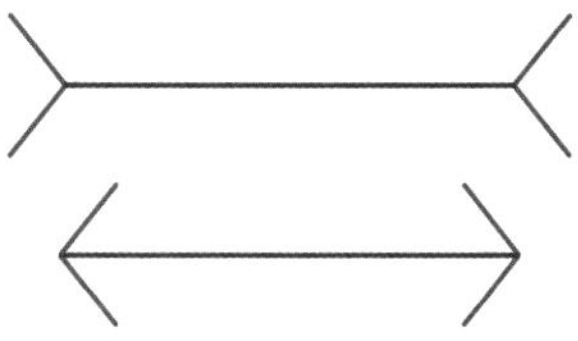

图5-13　缪勒-莱尔错觉图

图5-14　视觉观察力图

指向左下方。其实每个三角形都是等边三角形，都是同时指向三个方向，习惯定式往往会选择我们熟悉的指向路径。由于大脑有强烈的记忆思维轨迹线，即使你转换了认知角度，仍会感觉指向右边最舒适。

看到别人看不到的，是创意思维的重要方法。创意有时候只是用不同的眼光看一个旧东西，因为眼光是新的，所以东西就成了新的。

第四节　想到别人想不到的

想到别人想不到的，这就是思维力。需要创新的思维才能想到别人想不到的创意，甚至另辟蹊径，可能是想法的不同、路径的不同、策略上的不同，思维存在着非同一般的跳跃性。

有个工程专业的青年毕业生，一直在寻求好的就业机会。一天，一家公司刊登招聘广告，寻求一位专业工程师。这位青年工程师看到以后，认为与自己的专业非常匹配，各方面条件也都比较满意，激动了一夜，感觉非他莫属。第二天，他按广告刊登的地址准时到达，到达以后就被眼前的情景惊呆了。原来，应聘的队伍排成了长龙，等到他面试时，估计就没有希望了，这让他非常沮丧。突然，他灵光一现，写了一个字条，递给了身边的服务人员。效果非常显著，面试队伍突然加快，等到他面试时，只用了10分钟就被宣布录用了。前来应聘的人员就想，他究竟是用什么方式获得的录取机会?

招聘结束后，这位青年主动透露出前因后果。原来，这张纸条写着："亲爱的老板，我就是你需要的人，请关注第85号，不会让你失望的!"老板接到条子的时候感到非常诧异，于是，面试中间几位的时候匆匆而过，等到面试这位青年时，果然符合自己的心理预期，于是当场录用。

这位青年的思维创意就是利用人性好奇心的弱点，一招制胜。可以看出，思维的独到之处能起到立竿见影的效果。

独特的思维是制胜的法宝，这需要具备超出常人的创意力，有些时候，只有亲身经历才能理解思维的绝妙，获知以后才恍然大悟，拍案叫绝。

非洲有位长跑女运动员，连续8年都是十公里项目的世界冠军，同行都来向她汲取经验，但这位运动员从来不透露诀窍。直到退役，她才把经验传授给队友。这位世界冠军的诀窍是：坚持自己的步伐。原来，她知晓世界上最快的时间是多少，然后她把这个时间分成十段，每一公里都准确地计算好时间，然后，按照每个时间段完成。起跑时保持计划的速度，按时跑完。中间八段，不紧不慢，保证分秒不差地跑完，整个过程不受任何外界的影响，坚持自己的步伐。到了最后的一公里，因为她在前九段坚持平均速度前进，保持了体力，在冲刺的时候才开始发力，最后，保证在计划的时间内跑完全程，最终自然赢得了世界冠军。这个故事的创意看似很简单，但背后却是实力加策略的完美结合。

中国古代也有"想到别人想不到"的应用案例。

宋朝有个皇帝叫赵佶[①]，他非常喜欢画画。每当选拔人才的时候，他常常会让前来考试的人根据他所出的一句诗来画一幅画。有一次，他出了一句“万绿丛中一点红”的诗句，那些考生不是画了一片草地加上一朵红花，就是许多绿叶中插着一朵花，虽然他们的画也符合诗意，但皇帝没有一个满意的。但是，当他看到最后一张画时，不禁连声叫好。只见画上画着一片郁郁葱葱的树林，一位少女穿着一身绿装在林子里荡秋千，只有那张小嘴是红红的。

来年，又是一次画院招考。赵佶又出了一道题目，题面是一句古诗：“踏花归去马蹄香”。考场上安静极了，应考者都在认真思索。有的人认为诗句的重点在“踏花”二字，于是就画了一些花瓣，让一青年骑着马在花瓣上行走。他想这不正是踏花么？表现了那种春游之后的愉快心情。有的人精心地画了一匹骏马，有的人突出那腾空的马蹄，并在“马蹄”旁画着纷飞的花瓣。众多的应考者中，只有一人画得很特别。他的画卷上根本没画花瓣，画的是：夕阳西下之时，一位英俊少年骑在一匹骏马上，马在奔腾着，马蹄高高扬起，一些蝴蝶紧紧地追逐着，在马蹄的周围飞舞。

两次画考，都是注重“点”与“境”的融合，而这两位考生思考的角度和表达的语境恰到好处，成了别人想不到的经典之作。

第五节　做到别人做不到的

做到别人做不到的，这就是行为力。有两位来自同村的女孩一起到大城市发展，10年下来，一位成为公司里年薪百万的杰出职员，一位还是月薪几千元的普通员工。一天，普通员工找到公司的董事长，诉说公司对她的不公平待遇。董事长一直不发话，思考了很久，于是召集员工，当着全体职员的面说：“今天某位员工提出公司在待遇上对她不公平，为了体现公平，我们可以采用任务评价制度，请全体职员监督评判。事情很简单，我的一位外地的朋友要来公司，名字叫方建平，你们打电话告诉他，我周一上午8点要见他。”董事长说完，把对方的电话号码给了两位员工，我们暂且用甲（杰出员工）、乙（普通员工）来标注。为了表示公平，甲乙双方约定以抽签的方式决定谁优先拨打，乙抽签获得优先权。乙拿起电话，与对方进行通话：“喂！你好！你是方建平吗？”对方回答说：“是的，您说？”乙说：“我是某某某公司的员工，我们董事长约你，下周一早上8点见面，谢谢！”对方回答说：“好的！谢谢！”整个对话历时1分钟，对话流畅、亲切，完成了董事长交给的任务，看不出毛病。

甲员工当着全体职员的面也拨通了对方的电话：“您好！您是方董事长吗？”对方说：“是的！”“您好！方董事长！我是某某公司的小王，我们董事长让我与您联系，约您下周一早上8点到我们公司一叙，您看您能来吗？”对方说：“好的，我知道了，我按时到！”“方董，我看您的电话区域显示是福建泉州？我的大姨妈在那边哎，一看泉

① 赵佶（1082—1135），宋徽宗，号宣和主人，宋朝第八位皇帝，书画家。

州，好亲切！对了！方董！泉州离我们这儿很远，您是乘飞机过来还是高铁过来？大约一行会来多少人？”对方回答：“乘飞机过去，一行3人。”“那好，还需要我帮您预订机票吗？”对方答：“不用了，谢谢！”甲继续说：“好的，方董！到我们这儿可能有点冷，您到时多带件衣服。方董，我查了下，您最好乘××班次的客机最好，飞机比较宽敞和舒适，时间也正合适，到达机场时，您走2号门，直接就能到出口，到时，我会在出口迎您，公司会派专车接您。我已经安排好了宾馆，离公司步行5分钟的路程。方董，您看还有什么需要让我做的吗？”对方说：“没有了，谢谢×小姐！”“好的，方董！我会把以上这些信息通过短信发给您，不打扰您了，您一路辛苦，周日再见！”

同样一件事，甲员工和乙员工处理问题的方式各不相同，效果差异是显而易见的。从以上对话能够直接看出甲乙双方思维与做事能力的差异。归结为一句话：做到别人做不到的。

以上三个板块：看到别人看不到的；想到别人想不到的；做到别人做不到的。其实质是眼界、思维、行为力，这三种方式在创意组合的时候是三种形态的复合应用，不可能是单一存在的。

第六节　创意思维的变通力训练

中国人做事奉行一句话：“穷则变，变则通，通则久。”

如果有一天问你：铅笔有什么用途？你的答案越多，就说明你的变通力越好，如果你能回答“铅笔能够导电”等类似的思维延伸，说明你的变通力很强。变通力类似中国的成语：触类旁通、举一反三。

那么，顺着这个认知，我们设想一道题：砖能做什么？大多数读者会选择“砌墙”这个答案，然后再也拓展不出来其他创意，这说明你在创意变通上的能力较弱，需要适当进行这方面的训练。如果靠你的思维硬想，那么就会显得创意思维很难；如果你能通过方法获得，那么就会感觉到创意的有趣之处，从某些方面来说，创意是方法的问题。

创意的变通无非是两个问题：一是，你把砖放在什么空间？（砖与你是分离的）；二是，你携砖置身于什么空间？（砖与你是不可分的）把这两个问题解决了，创意变通力瞬间提高，创意自然形成。

首先，第一个问题：你把砖放在什么空间？比如，你把砖放在头上，联想到可以放七八块，这就是体育竞技；放在头下，那是枕头，夏天野外小憩的时候经常会用；你把砖放在脚下，砖变成了增高功能，集体合影的时候经常会用到。如果你把砖放在前面5米的地方，大家就有了目标，可以进行游戏了；如果砖放在你背后，那么你要小心了，那可是“黑砖”。

第二个问题是：你携砖置身于什么空间？如果置身械斗空间，那么砖就变成了“打人”的工具；如果在你需要钉钉子的空间下，砖变成了锤子；如果在减肥的空间下，砖头变成了“负重”的体育锻炼工具；如果置身艺术家的空间，砖头会变

分离关系

（砖头与你的空间关系）

=

紧密关系

（砖头与你的空间关系）

砖的创意激活

图5-15　创意激活变通训练

成“砖雕”艺术；如果你作为教师，可以用“砖头”展开作文写作；如果你用砖作为借鉴，那就是抛砖引玉；如果你置身英语课，砖就变成了“brick”；如果你置身武术表演，那么可能用来表演一掌切三块砖……以上罗列，都是基于两个空间展开的结果（图5-15）。

其实，砖能做什么？从创意的角度上看拥有无数个答案，关键看你和砖的关系，以及你在什么空间下进行的思考。

美国一出版公司有一批书出版发售，经理突发奇想，给总统送去一本书，并三番五次去征求意见。忙于政务的总统不愿与他多纠缠，便应付地回了一句：“这本书不错。”经理便据此大做广告：“现有总统喜爱的书出售。”于是，这些书被一抢而空。不久，他又有新书要发售，又送了一本给总统。总统上过一回当，想奚落他，就说：“这本书糟透了。”该经理听后并不失望，脑子一转，又做广告：“现有总统讨厌的书出售。”不少人出于好奇争相抢购，书又很快被售光。第三次，他又有书送给总统，总统接受了前两次的教训，便不作任何答复，然而新的广告还是很快出来了：“现有总统难以下结论的书，欲购从速。”居然又被一抢而空，总统对此哭笑不得，出版者则大发其财。

上述案例可以理解为，出版商通过创意构建总统与书的关系。总统构建的是总统与书的分离关系（“很好、很差、沉默”，三种态度及评价），而出版商通过变通能力将其转换为总统与书的紧密关系。三种关系其本质不一样，所产生的效应却是显而易见的。实际上，这些反馈间接传达了总统对这本书的重视，提高了这本书的话语分量，形成了商品的光环效应。可见，“变通力”是创意形成的有效路径。

做一次“变通力”的训练，看你是否能通过“变通力”实现创意突破。提一个生活中常见的问题，侍女问：“先生，你要一杯冷水？还是要一杯热水？”请问如果你作为男宾，怎样回答才具有变通力呢？

正确的回答是：“我要一杯温水！”这样回答就显得比较有变通力。

课后作业

请举例说明什么是视角的认知与转换，以及它在创意思维中的作用。

思政训练项目

实地参观一些设计展或艺术展览，搜集“他能想到别人想不到”的案例进行分析，深刻体会创意思维在各种文化艺术设计类展览中的创新融合与运用，探索创意设计文化的魅力，提升文化自信心。

第六章

创意的激活方法

第一节　苹果穿透的实验启示

在开始进行创意思维的激活训练前，我们不妨先做个试验，内容很简单：给你一个苹果，一个吸管，要求你把吸管从苹果中间穿过去（图6-1）。

实验会呈现五种情景：1. 认为不可能；2. 可以试试；3. 非中间穿透；4. 采用创意的假设穿透；5. 实现从中间穿透。

实验的结果很有意思，是对一系列思维的验证。实验前，传统的经验和惯性思维影响着我们的行动。

情景1：受传统经验和惯性思维影响过大，认为软管太软，苹果核中间太硬，不可能穿过去。实验者是经验型，缺乏冒险精神。

情景2：受传统经验和惯性思维影响，但赋有勇气，敢于冒险，属于主动型。

情景3：受传统经验和惯性思维影响，喜欢另辟蹊径，对问题有不同的解读。

情景4：受传统经验和惯性思维影响，善于运用创意解疑，有创造性思维。

情景5：敢于打破传统经验和惯性思维，有着坚决和勇气。

实验的正确结果是：软管可以从苹果中间穿透。

看似很简单的一个实验，但主导结果的往往是坚定、态度、勇气、坚持、策略、定式、技巧等因素。实验结果告诉我们：实现创意的背后，“坚定”和“勇气”起着很大的作用，而阻碍成功的因素往往是经验与定式。如果你非常了解苹果的结构，知识告诉你苹果核如果与软管相碰，软管不可能穿过去硬核，那么你的经验就成为一种定式，会使你的信心受到牵制，变得迟疑且缺乏自信。而如果你认为它仅仅是个水果，那么就会因为无知而变得无畏，反而很容易穿透这个苹果。这是因为在你的思维

图6-1　苹果穿透实验

中没有苹果的结构概念和经验，有的只是你的信心和勇气，这些最后反而能够促使你成功。

从几十次的实验中可以看到，绝大部分参与实验的人，最后的结局一般会是失败，最后获得成功的只是少数人士。失败往往归因于经验的迟疑、勇气的不坚决、技巧的使用不当。正确的方法应该是：先找到中间点，然后慢慢地转动吸管，慢慢地用力推进，当碰到中间核时，快速伸缩撞击，一般要撞击6～8次，最后实现穿透，前后大约1分钟才能最终完成实验。实验测试很简单，但最终体现出的道理发人深省，这也说明创意的形成需要勇气、信心、态度等作为前期的基础铺垫。让我们循着这个轨迹，进行下一个实验。

第二节　杯子加水的实验启示

上节我们进行了苹果穿透实验，说明了创意与态度及勇气的关系。接下来再做另外一个实验。实验前准备三个道具：一个空玻璃杯，10～20个金属夹，一部分水。

首先，拿起一个空玻璃杯子，放置在桌上；其次，将杯子里倒满水，直到水接近满杯为止，接近95%为最好；最后，拿起部分铁夹子，小心地放入倒满水的玻璃杯中。先放一个不会有什么变化，一个、两个、三个，小心翼翼地陆续放，直到夹子放满杯子为止。这时，我们发现，杯子里放满了夹子，但水并没有溢出，好像还可以继续放。常识告诉我们，那么大体量的金属夹子，放置在只剩5%的水体空间里，水并没有溢出。这种现象违反常理，从物理学角度来说很难解释，如图6-2（a）、（b）所示。

实验结果让人震撼，接近满水的玻璃杯，为什么能够容下看起来这么大体量的金属夹呢？原理是什么？透过这种现象说明了什么？

实验启示1：我们看到的空间真实吗？

实验启示2：空间是什么？

实验启示3：如何看待对“满”的认知？

（a）实验前照片　　（b）实验后照片

图6-2

显然，金属夹的体量给我们造成错觉，玻璃杯里注满水（接近满）的微空间，其容纳量是非常大的，大到超出了我们的惯性认知。这种现象令我们想起当年苹果公司投产手机市场的情景，苹果公司也有类似的空间经历。

2007年，苹果公司已经是世界上最大的计算机企业之一，一直占据着世界前沿的图形计算机市场，其产品以设计简约闻名世界。随着计算机的快速发展，乔布斯[1]敏锐地觉察到手机时代的到来。他把这种转型想法提交决策层，反馈的信息是反对的，因为这个时候苹果计算机占据着世界图形计算机的绝对市场，董事会认为这个时候转型手机是不明智的。而且，调查反馈的数据是：世界四大手机品牌商，爱立信、诺基亚、摩托罗拉、三星占据了世界95%以上的市场，而且，中国的山寨版手机如春风野火般蔓延，正在吞噬世界手机市场的份额。从明面上看，进入手机市场如自杀般可怕，几乎没有任何翻盘的可能。乔布斯面对内部的压力思考了很久，最后决定上马手机生产线。期间，世界所有的经理人都不看好他。然而，第二年，苹果公司的手机一上市，就如一批黑马很快地占领了世界手机市场，并成为手机标准的领导者。很多原来的手机企业不能与苹果手机有效地竞争，因此竟在一夜之间倒闭，其杀伤力令人夺目。苹果公司最终成为当时世界上市值最大的企业，直到今日，苹果公司仍然是行业上的常青树。苹果公司这个案例的启示和以上实验如出一辙，都是看似不可能，实际却可行。一般经理人看到的是饱和的手机市场，而乔布斯看到的是空间的机遇和空间的无限拓展力。这让我们不得不深思："满"是什么？是95%？还是5%？乔布斯能把接近"0"的空间，转换成"100"的空间，这说明对空间的认知是实现空间大小的先决条件。

第三节　创意第一层的激活训练

顺着这个思路，让我们开启创意思维的第一层训练。训练前要保持的几个状态：信心、对空间的认知转换和对创意层的理解。上一章中，我们对思维层有了一部分了解，但对层的应用还不是很熟悉，这一章节我们将从层的应用形式切入，以深刻对层的再认识。

这次创意的激活训练仍然借用上一章的实验材料。首先，还是拿起这个空玻璃杯子，注入95%的水，放在桌上。题目是：装满水的杯子里还能放什么？

大家针对这个问题寻求的答案可能是跳跃性的，可能有底层面的思维，也有高层面的，这些都没有关系，因为实验本身是想导出创意的层级关系，通过创意层级关系的显现，说明创意是由浅入深、由物质层面到意识层面、由可视层面到非视层面逐步升级的过程。

从近十几年的实验案例上看，大家最初的答案往往是一致的，大部分集中在物质层面的注入。比如，可以放入：盐、糖、味精、沙子、土、米、颗粒、粉末、种子等

① 史蒂夫·乔布斯（Steve Jobs，1955—2011），美国发明家、企业家，美国苹果公司联合创始人。

图6-3　杯子空间创意第一层

固态体，所涉及的物态也比较生活化。其中，种子较有创意，体现在种子与生命有联系。一旦定位为种子，这种物态就可以突破多层空间，达到创意的升华。总体来说，这一层属于最基础的创意思维，相对缺乏创意，利用创意解决问题的能力较弱，我们称之为创意第一层（图6-3）。（创意指数：★）

除向杯子里放置上述的固态体之外还能放置什么？有些是本能反应的置入，有些是有思想性的置入，置入的物态体都可以经过你的思维导向使创意发酵。比如：杯子里的沙子，普通人看到的是沙子，而创意人看到的是空间，一切取决于你的思维视角。“一沙一世界，一花一天堂”，难道沙子不就是一个空间世界吗？我们把沙子移到显微镜下，可以发现它的分子结构非常美丽，再进入微观世界，沙子就是一个小宇宙，和人类的宇宙是一样的。站在宇宙的角度，地球就是宇宙中的一粒沙、一颗尘埃，人类是尘埃中的分子，如此看来，人与沙子在空间形态下是一样的，不同之处在于人类是生命体，而沙子是无机体。

如果你将沙子视为空间，那么就会引发一个创意涟漪。“一粒沙里见世界，半瓣花上道人情”，这是对“沙”佛系的认识。“一粒沙”，也是德奥音乐剧《伊丽莎白》的爱称，这是利用跳跃思维对“莎”进行的谐音创意。一个故事：在寂静的海底躺着两粒沙，他们相距两尺，其中一粒沙爱上了另一粒。它凝望着两尺开外的意中沙，平安幸福地度过了好多年，因为它知道有自己爱的沙可供自己凝视……这个故事可以无限展开。由此可见，杯子里放进什么，就会开启与之相关的创意之链。

第四节　创意第二层的激活训练

创意第一层的训练非常基础，而且难度系数很低，一般人都能够顺利进入初级的创意阶段。那么我们进入创意第二层的训练，同样以这杯水作为载体，问题：盛满水的玻璃杯里能进一步放入什么且不溢出？这个层面的创意要求需比上一层有所提高，要在上一层的基础上做到递进。

你的答案是什么？

能够预料的答案一般是：醋、奶、蜂蜜、墨、油、饮料、酒、咖啡、颜料等液态体（图6-4）。（创意指数：★★）

图6-4　杯子空间创意第二层

这层的答案是开放的，其中不乏超出第二层的答案，这说明你的思维是活跃的，那些答案在以下层面上会用得着。这一层的递进答案中，蜂蜜、咖啡和颜料都是很好的创意答案，因为这些东西的物态比较容易进一步展开：蜂蜜可以想到甜、甜蜜，想到果实、蜂蜜的结晶体；咖啡可以想到咖啡色、咖啡杯、解乏、放松、休憩、两人谈心等发散关联。

有一款Aroma咖啡的广告，是基于咖啡解乏、唤醒睡意的功能，采用由咖啡联想到咖啡杯，再到口型的创意进行广告设计，巧妙地利用了人发困时的肢体语言和口型，简单明了，没有冗杂（图6-5）。

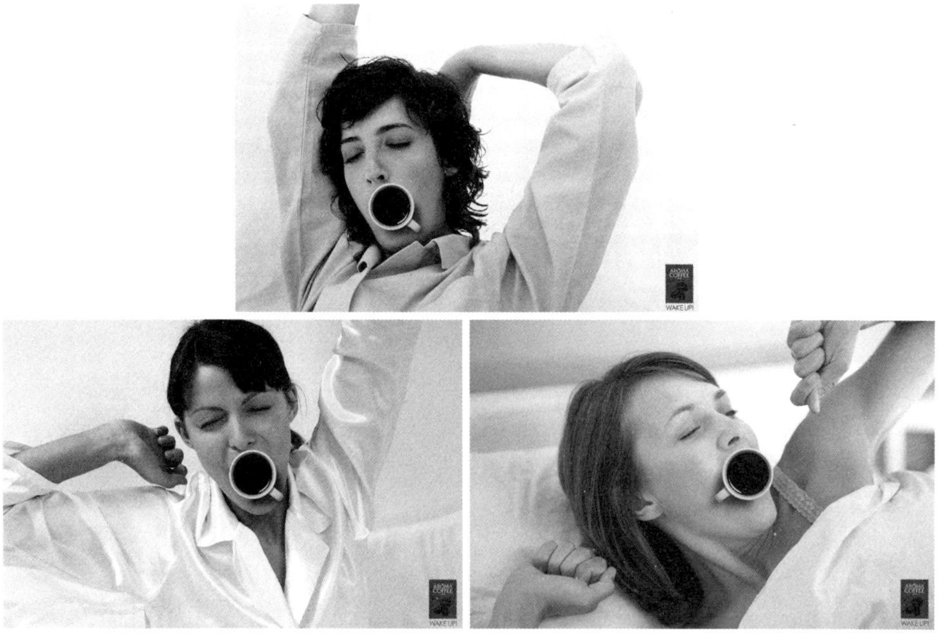

图6-5　Aroma咖啡的广告

第五节　创意第三层的激活训练

创意第三层的训练，同样是基于装满水的杯子的提问：装满水的杯子还可以放什么且水不会溢出？前两次的激活训练基本上属于固态和液态层面，还属于创意的基本层面，第三层的训练要求在上两层的基础上进一步提升。

你的答案是什么？

如果遵循创意递进的关系，正确的答案应该是：蝌蚪、小鱼、虾、细菌、微生物、浮游体、鱼子、活性因子、水母等微小水中生命体。有读者问：杯子里能不能放置更高级层面的创意体？答案是当然可以。高层次的创意体属于你思维的跳跃层面，说明你的思维已经打开。作为创意的入门训练，沿着这种循序渐进的思路导入，会看到创意思维的层级，方便读者更好地理解创意思维的发展规律（图6-6）。

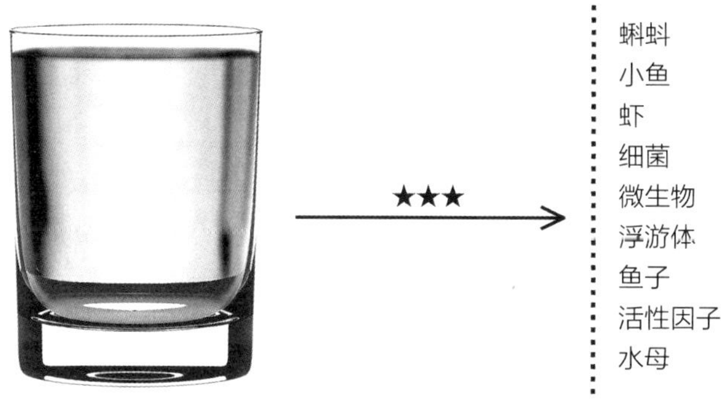

图6-6　杯子空间创意第三层

第三层的激活训练仍属于较为低级的思维状态，但它的难度系数增加了。这层涉及生命体，为创意增加了更多的魅力。（创意指数：★★★）

第三层放置的都是生命体，这些生命体让创意延展更加丰富。随便拿出其中一个载体，都可以使创意无限展开，比如：蝌蚪，会联想到生命的起源，以及幼小、可爱、黑色、温度、母子、集结、依赖、襁褓、弱小、呵护等关联思维。

插画师Tomson.li有一幅插画就是基于蝌蚪所展开的画面（图6-7）。画面中有一片叶子和一些小豆，Tomson.li巧妙地画了几根线与小豆连接，读者自然就会想到蝌蚪，寥寥几笔后，又为画面中的树叶勾勒出眼睛和腿部，构成了青蛙形状。树叶与小豆本来毫无关联，但经过作者创意组合后，成了一幅人见人爱的插画，尽显创意带来的惊喜，着实妙不可言！

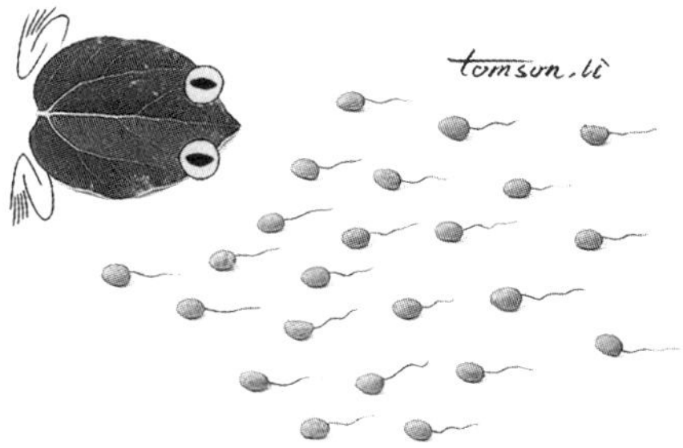

图6-7　Tomson.li插画

第六节　创意第四层的激活训练

创意激活训练进入第四层后，难度会相应提高，创意思维会变得越来越有趣。问题：装满水的杯子里还能放什么且水不会溢出？

提示：第一层为固态；第二层为液态；第三层为生命体。

正确的参考答案：导电、给氧、加热、等离子、电子、电磁、净化、化学、加压等反应体。这一层为创意思维的开启层（图6-8）。（创意指数：★★★★）

第四层的创意激活训练很关键，是创意生成的开启层，如果能够顺利地进入这一层，那么对创意的理解以及对空间的理解，都将达到新的高度，对创意的驾驭能力也会进一步增强。

这一层为反应体层，属于非视觉层，虽然是基于物理上的反应，但非视的因素阻碍了你的形象思维，也因此使思维变得具有挑战性。

第四层答案中的“加热、给氧”具有较强创意性，与人性、生活联系密切。“加热”会联想到温度、给力、支持、正能量、鼓掌、鼓励等；“给氧”会联想到绿色、顺畅、鲜活、救护、健康等抽象思维，国内外有许多优秀的应用案例。

“加热”能够直接理解为“温度”，“温度”一方面理解为摄氏度，另一方面可理解为“关爱度”“理解度”“同情度”“支持度”等，都是温度的体现。麦当劳推出了一款可以留言的杯子，在当下广泛交互的时代，这种设计迎合了消费者的需求，是“有温度的设计”。

在哥伦比亚这个国家，人们普遍认为体育运动更适合男性，所以城市标志几乎都是男性形象，特别是在体育领域，100%的体育标志都是男性形象。耐克意识到，在体育领域，性别不平等仍然是现实。所以，他们想发起一场运动，目标是解决女性的不平等问题，告诉大家，不论性别，每个人都是运动员。

在2018年3月，耐克在现场活动中分发了一款“磁马尾”，将马尾辫放在波哥大主要公园的运动标志上，将城市标志中男性的形象转变为女性。数百名女性参加了这个活动，改变了波哥大市不同公园的标志。这一行动引发了一场广泛的讨论，通过女性名人、网络社交媒体和传统媒体的宣传，推动了这一话题的发展，也引起了市政厅的注意。这一系列行动使得波哥大市政厅的人改变了他们的观点，并与耐克共同创建了一系列新的体育标志，其中包括了男性和女性运动的场景，这也是这座城市历史上第一次对标志进行的改变（图6-9）。

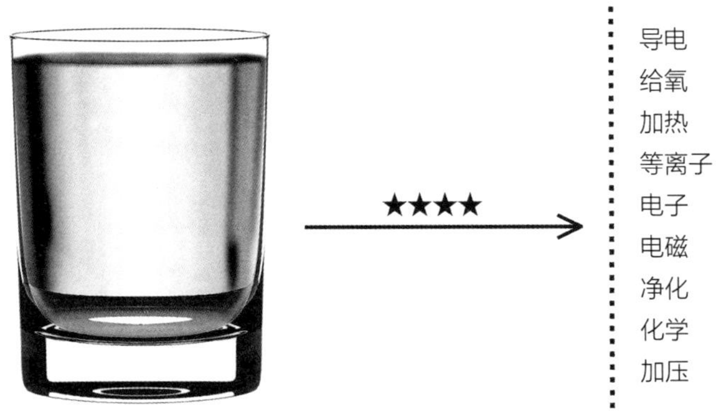

图6-8　杯子空间创意第四层

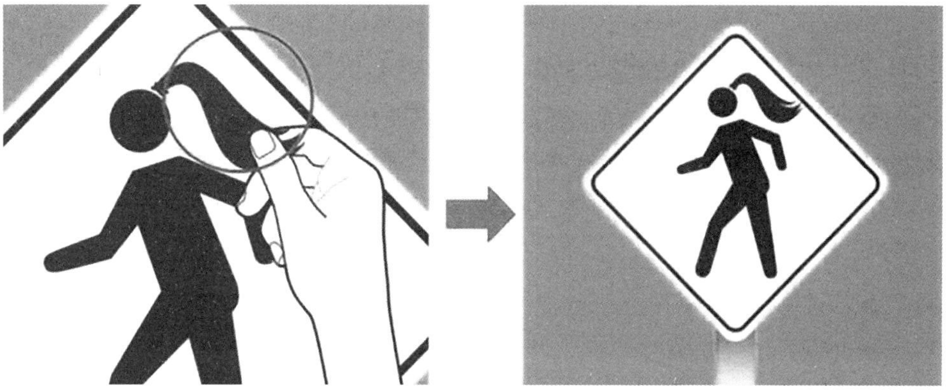

图6-9　从男人到女人只有一条马尾的距离

第七节　创意第五层的激活训练

创意思维激活训练进行到了第五层，还是重复以前的问题：盛满水的杯子还能继续放什么且水不会溢出？我们逐级来看：第一层固态体，第二层液态体，第三层生命体，第四层反应体。那么，第五层是什么休？

正确的参考答案是：漂浮体。这一层介于水的内外之间，与水交融，但又在水上，这一层可以放置：纸船、千纸鹤、树叶、照片、花瓣、卡片、幸运草、条形码、标签等。这一层为创意思维的跃进层（图6-10）。（创意指数：★★★★★）

从第五层开始，创意思维处在跃进阶段，这时候的创意非常活跃，任意选取的空间放置都很有拓展力，都可以拿出来进一步延伸。比如：条形码。如果水上漂浮着条形码，那么，不就是这杯水的价值吗。换个思路，可以放张二维码在上面，微信、支付宝都可以扫取，那么这杯水就有了价值的信息。条形码、二维码如果还可以扫描连接网络、APP，这杯水就有了更多内涵，你可以走进这杯水，了解它的价值、元素含量、产地、文化、品牌等。这杯水突然拥有了这么多意义，正是因为它与世界链接了，这就是创意带给这杯水的活力。

如果把“条形码”的形态提出来，那么“条形码”的创意延展力就会立即活跃起来。国内外借“条形码”做创意的例子非常多，如图6-11（a）、（b）所示。

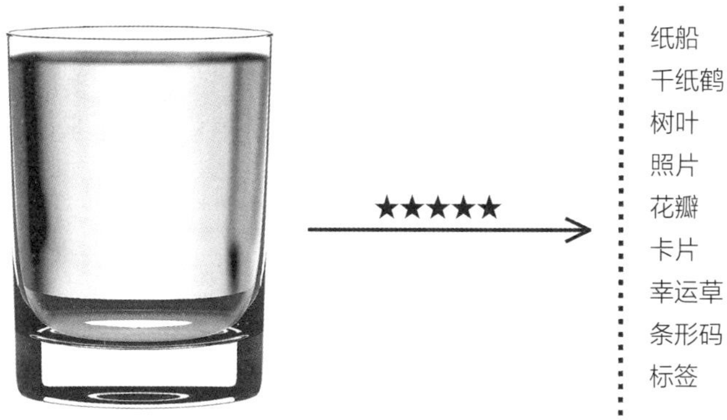

图6-10　杯子空间创意第五层

（a） 条形码遇上面条

（b） 条形码遇上树林

图6-11　条形码的各种创意

第五层放置物的选项很多，可以说，只要是漂浮形态的物品就可以放置，每一个漂浮物都是一个创意载体。第五层的创意载体由于处在较高的创意层点，放置物也非同平常，因此创意延展性要比第一层、第二层丰富许多。

第八节　创意第六层的激活训练

创意激活训练进入第六层。还是原有的问题：盛满水的杯子里还能继续放什么且水不会溢出？这一层的创意思维相对以上的层次来说更有挑战性，但创意也更加具有诗意。你的答案是什么？

正确的参考答案是：投射体。可以投射一个月亮、一束光、一个太阳、一段影像、闪闪的星星、色彩（让水变色，而不是颜料）、花纹（让水有花纹）、一个心形、一朵云等。这一层为创意思维的升华层（图6-12）。（创意指数：★★★★★★）

这一层随便拿出一种投射体，都显得那么诗意和浪漫，所展开的创意都会让你心动。杯中投射一个月亮，这杯水一下子变得有情景，会让你想到花前月下；投射一束光，水就会充满着灵性，体现出一种静怡之感；投射一个太阳，你的心就会感觉变得开朗等等。

下面是投射一个“心形”的创意，作者用一双男人的大手，包裹着一双女人柔软的手和一双孩子的脚，共同组成一个心形，传达的是一种对一个家庭的爱，无法用语言描述，是一个绝美的创意作品（图6-13）。

图6-12　杯子空间创意第六层

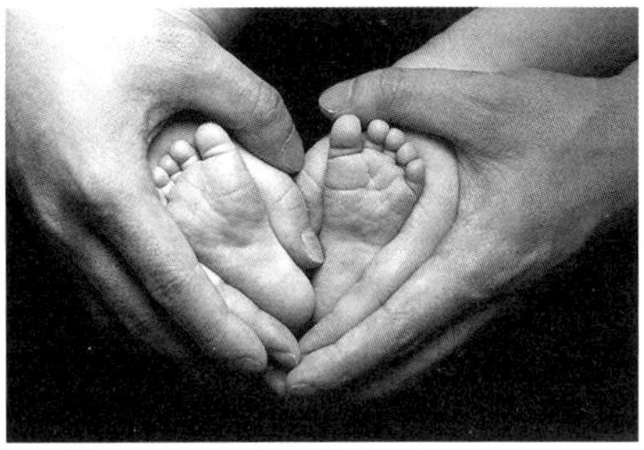

图6-13　心形

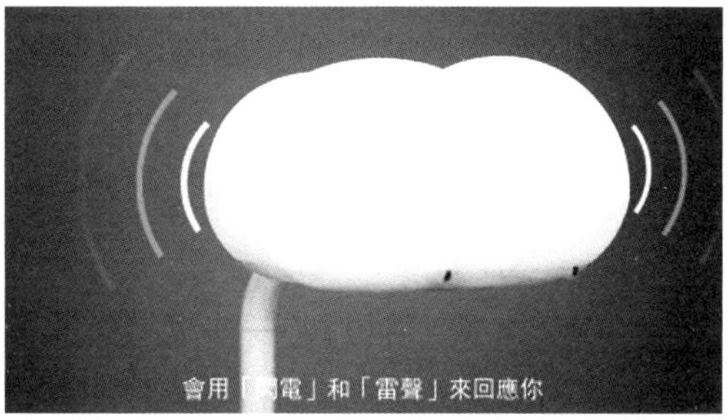

图6-14　一朵云植物灯

市场上有一款“一朵云植物灯”，可以用手势控制发光、闪电、下雨（对植物浇水），其广告语：会用“闪电”和“雷声”回应你。让“云”发怒、发声、闪电、下雨，一应俱全，仿佛置身于“云”的语境世界，尽显浪漫和诗情画意。这是对“一朵云”最好的创意诠释之一（图6-14）。

第九节　创意第七层的激活训练

创意思维第七层的激活训练，到达了创意思维的制高点，这一层将是脱胎换骨的蜕变，使之达到自由翱翔的境界。还是回到原来的提问：盛满水的杯子里还能继续放什么且水不会溢出？这一层的答案比较抽象，靠近意识形态。

正确的参考答案为：回忆 、愿望、承诺、希望、未来、自由、随心、放下、爱、恨、酸甜苦辣、痛、冷、温暖、嫉妒、抱怨、爱心、你、我、他、爱情、态度、情感、感觉等抽象体（图6-15）。（创意指数：★★★★★★★）

进入创意思维的第七层，可放入的空间载体异常丰富，基本上一切的意识形态主观体都可以自由放入，所具有的创意展开力也会令人感到惊喜，几乎每个抽象体都能够展开一个创意奇点。关于抽象体的创意，国内外的优秀案例很多。比如，“爱”是人类最多的创意话题，出现了不计其数有关“爱”的创意，其中“I♥NY”成为经典。

曾有一个公益广告的片段是这样的：课间，一个小男孩带着几只彩色的铅笔从教室出来，奔向操场一个水泥地面的角落，保安看到后感觉很异常，于是就尾随观察。只见孩子用粉笔勾勒出一个女士的模样，然后在旁边写上了“妈妈我爱你”，最后，偎

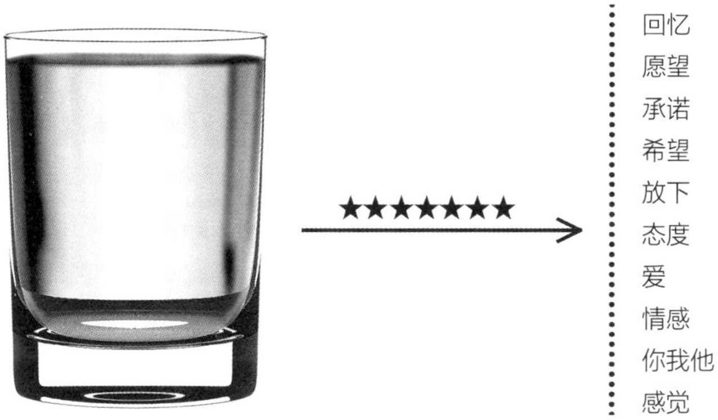

图6-15　杯子空间创意第七层

依在旁边睡着了。这个广告所传达的“爱”的信息令人感动落泪，这就是“爱”的创意传达经典案例。

下面我们再针对“放下”这个置入体，进行创意扩展。还是以这杯水为例。

曾经有一个演讲故事，哈佛大学的一位教授拿起一个装有水的杯子，问在座的听众：“猜猜看，这个杯子有多重？”

“50克？100克？125克？”大家纷纷回答。

“我也不知道有多重，但可以肯定人拿着它一点也不觉得累。”教授说，“现在，我的问题是，如果我这样拿着几分钟，结果会怎样？”

“不会有什么。”大家回答。

“那好，如果像这样拿着，持续一个小时，那又会怎样？”教授再次发问。

“胳膊会有点酸。”一位听众回答。

“说得对。如果我这样拿着一整天呢？”

“那胳膊肯定会变得麻木，说不定肌肉会痉挛，到时免不了要到医院跑一趟。”另外一名听众大胆说道。

“很好。在我拿杯子期间，不论时间长短，杯子的重量会发生变化吗？”

“不会。”

“那么拿杯子的胳膊为什么会酸痛呢？肌肉为什么会痉挛呢？”

教授顿了顿又问道，“我不想让胳膊发酸、肌肉痉挛，那该怎么做？”

“很简单呀，您应该把杯子放下。”一名听众回答。

“正是，”教授继续说，“其实，生活中的痛苦有时就像我手中的杯子，纠结几分钟没有关系，但如果长时间地想着它不放，它就可能侵蚀你的心力。长此以往，你的精神可能濒于崩溃，那时你就什么事也干不了了。”

对于第七层放置的每个创意，一旦展开都十分精彩。如果你放入“你”，这个盛水的杯子难道不就是“你”吗？如果你放入“女”，难道不就是“女”杯吗，于是杯子便有了性别，究竟应该如何看待，取决于你的心。

第十节　创意第八层的激活训练

创意思维进入第八层次的激活训练，这个层面比较有高度，代表着人类的价值，属于从宏观角度看问题，是创意较高层面的置入。还是延续原来的提问：盛满水的杯子里还能继续放什么且水不会溢出？

正确的参考答案为：一个故事、一种文化、思想、观念、空间、宇宙、一个世界、价值、模式、制度、体制等，这一层为创意思维的顶层（图6-16）。（创意指数：★★★★★★★★）

第八层的创意置入物，基本上属于人类的上层建筑领域，任何一个创意的置入，都会增加无限的价值。比如，往杯子里的水置入一个故事，就会让这杯水迅速产生价值。

曾经有一次关于品牌价值的讲演。主持人拿起一杯水，面向观众提问：“这是一杯水，请问值多少钱？”一位台下的观众说：“太平常了，到处都是，不值钱！”

图6-16　杯子空间创意第八层

主持人说："那好！给大家讲个故事：很久以前，乾隆出巡狩猎，烈日当头，他追击一头野鹿，兴奋之余，一下子追了几十公里，回头一看，身边除了几个随从以外，已别无他人。于是，他下马暂歇，安营扎寨。然而，附近没有水源和人家，乾隆急派随从寻水。奈何附近寥无人烟，随从迷失了方向，半天过去了，食物与水源仍寻找无果。此时，乾隆饥渴难忍，悔不当初。这时，乾隆无意间瞥见山涧下有一片湿漉漉的砾石，于是便命令手下翻开石头，挖一个坑眼，一会工夫，水汇集成汪。几分钟后，待清澈见底时，命令手下取水饮用。水刚入口，清冽甘甜，乾隆竟连喝几大杯，稍歇片刻后，乾隆命人记下标记，赐名'清冽泉'。如今，'清冽泉'已经成为一个历史文化景点，且水源已经被保护起来，人们以能喝到这里的水为幸。今天，这杯水就是从'清冽泉'采集过来的水。现在再看，这杯水能值多少钱?"

显然，这杯水的价值已经增加了，超出了一般水的百倍，甚至更多。一个故事使这杯水溢价，这就是文化的魅力。

第十一节　创意第九层的激活训练

创意思维训练进入第九层，也就是最后的一层，从几十次的调查来看，这一层的难度最高。相对来说，知识层面越高，回答正确的概率越小，这说明定式思维在影响着人的创意。延续原有的问题：盛满水的杯子里还能继续放什么且水不会溢出?

正确答案具有唯一性，那就是：灵魂。试想，一个物态，放进灵魂，那么这个物态就变成了鲜活的生命，显然，没有比这更有价值和意义了。这一层处于金字塔的塔尖，是所有创意的顶点（图6-17）。（创意指数：★★★★★★★★★）

有个故事：印度有一个庙宇，一直香火不旺，不温不火。但这一区域流传着释迦牟尼佛曾经光临此地，在此饮水歇息的传说，这也是民间依山而建这座庙宇的原因。有一次，庙宇漏雨，寺庙借此机会翻新，在翻新的时候，发现崖壁下有个自然形成的平坡，上面有一印记，似乎像是钵底部留下来的印记。寺庙住持立即联想到民间释迦牟尼佛到此地歇息的传说，便上前擦洗保护封存。消息一出，震惊了周围的民众，大家奔走相告。一时间，整个庙宇炸开了锅，人们争先恐后地想目睹这一机缘，无奈印

图6-17　杯子空间创意第九层

记被封存，人们只得凭借口口相传和想象来描绘印记的形态，甚至有人不远千里而来就是想沾点佛辉。由于香客太多，当地庙宇只得限制客流。这一事件，惠及了当地的各个行业，这一区域也得以快速发展。如今，这一庙宇金碧辉煌，香客络绎不绝，这些都得益于“印记”的发现。然而，这个过程中，人们从来没有见过“印记”的形状，这个“印记”已经转化成人们心中“灵魂”的象征。这个故事说明，创意的最高境界，不是可视化的物态，而是意识层面的升华——灵魂。

从商业角度上看，最上乘的营销手法往往是营销灵魂，其产生的价值是无限的。

第十二节　创意九层的启示

以上是一到九层的创意置入。第一层为固态体，创意基础层；第二层为液态体，创意基础提升层；第三层为生命体，创意培育层；第四层为反应体，创意开启层；第五层为漂浮体，创意跃进层；第六层为投射体，创意升华层；第七层为主观体，创意拐点层；第八层为概念体，创意高级层；第九层为灵魂体，创意顶层（图6-18）。

九个层面把创意推到顶层，而每个层面都是一层空间，每个载体物又都具有衍生的空间。九层的激活训练，从第一层到第九层，都是对空间的诠释（图6-19）。

创意九层，每个层、每个载体都可以用空间形态进行展开。比如：沙子，可以展开为沙子的空间。同样，如果将杯子换成“爱”，那么就变成了“爱”的空间，“爱”里面能放什么？这个时候，可以根据创意九层一一放置，其衍生力惊人。我们可以试验一下：

问题：“爱”里面能放什么？

第一层：放“沙子”……

第二层：放“咖啡”……

第三层：放“微生物”……

第四层：放“温度”……

第五层：放“花瓣”……

第六层：放“阳光”……

第七层：放“他或她”……

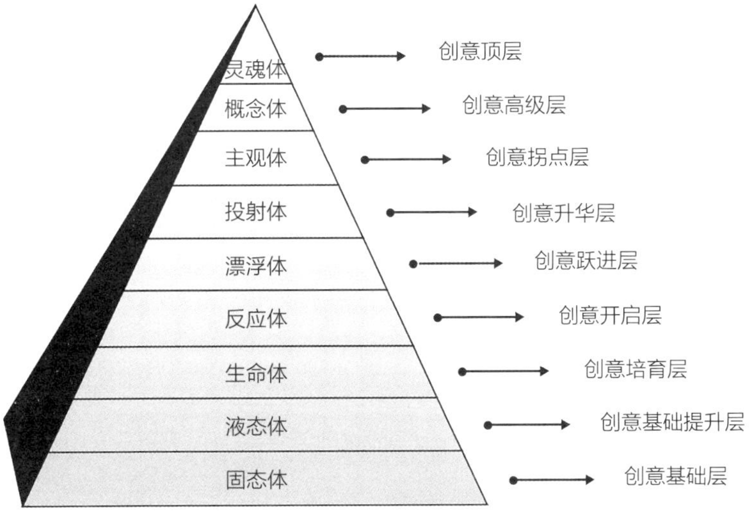

图6-18　创意九层思维关系图

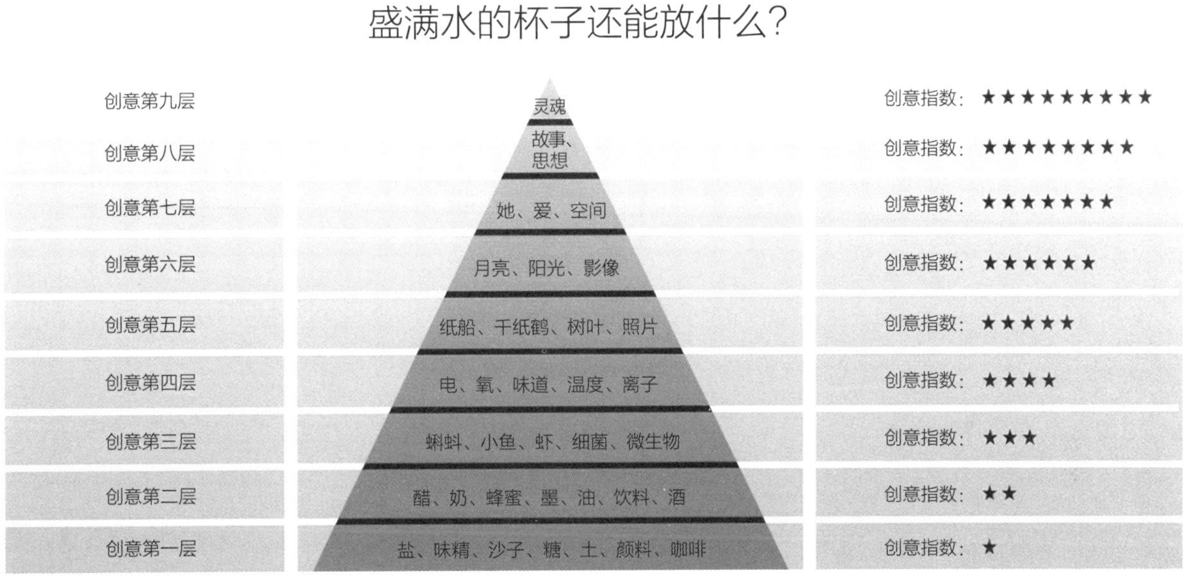

图6-19　创意九层对空间的诠释

第八层：放“价值”……

第九层：放“灵魂”。每个层面的展开，都能衍生一个创意情景。

那么，举一反三，从九层中选取任何一种形态，把它转换成空间，就可以把创意衍生到无限。如果把第一层里的物态“森林”当成一个空间，那么森林里能放什么？如果放一个“钢琴”，那么在森林里举办一个钢琴音乐会一定很棒；如果放进第三层的生命体，比如“鹿”，那么音乐会的观众就是鹿，音乐会就变成了动物音乐会；继续放入生命体“蝴蝶”，那么蝴蝶在钢琴周围，随着乐声起舞，那么这个场景就会变得非常有诗情画意。

总之，创意九层就是对空间的转换过程。

课后作业（二选一）

1. 苹果穿透的实验启示了创意思维的什么重要观念？你认为这种观念对人们生活中的应用有何意义？

2. 你能想到其他类似的能够启发创意思维的实验或现象吗？请举例说明。

思政训练项目

结合现当代优秀设计作品，再借鉴创意九层的启示，分析对比它们与传统设计思维的差异，感受创意思维的独特之处，讨论如何才能提出创新观点。

第七章

创意思维的经典案例和评价

第一节 创意设计思维

最简单的解释往往是最正确的解释。——奥卡姆

精练是智能的灵魂，所以，我力求简洁。——莎士比亚

一切归简，但“简”不是指简单，而是简洁，指抛开一切无用的枝节，使其归整。著名的“奥卡姆剃刀①”定律，说的就是“如无必要，勿增实体”，即简单有效，切勿浪费较多东西去做，那些用较少的东西同样可以做好的事情。“奥卡姆剃刀”体现了简洁思维，即舍弃一切复杂的表象，直指问题的本质。

美国太空总署曾向全球征集一款在太空舱使用的笔，要求必须是能在太空环境中使用，必要时能让笔嘴向上书写仍然流畅，还要求永远不要补充墨水或油墨，征集一出，收到了来自世界各地的各种设计方案，中间有一封来自德国的电报，太空总署看完后汗颜不已，上面只有寥寥数字：“有没有试试铅笔?”

同样也有来自中国的案例：一乡镇企业，花重金请专家设计了一款自动剥玉米皮的机器，机器的研发很成功，但一个环节出了问题，那就是剥下来的玉米皮如何与玉米分开，专家一时间百思不得其解，旁边的农民直接就说：“很简单啊！旁边放个电扇吹一下就可以了。”一句话，茅塞顿开，问题瞬间化解。

生活中，我们接受的知识越多、经验越多，越会形成定式。并且，我们背负的东西越多，就越容易将问题引向复杂，越难找到简洁的解决方法。

英国一家著名的报社曾举办过全球征集的有奖问答活动。在一个充气不足的热气球上，有三名科学家，一个是社会学家、一个是物理学家、一个是粮食专家，都曾为社会做出过巨大贡献，任何人的缺失都是损失巨大的。然而，热气球即将坠毁，必须丢出一人以减轻重量，使其他两人得以生存。题目：“该丢出哪位专家?”题目一出，大家纷纷提出建议和策略，回答都集中在三位专家的重要性上，为此争吵不休。而正确的答案被一名小学生获得，答案很简单：“丢下那个最胖的人！”这个案例进一步说明，复杂是一种假象，回归简洁的本质才是解决问题的根本。

许多时候，人们习惯性地将一个问题想得复杂且高深，从而无解。

古希腊有个“戈耳迪之结”的故事，传说谁能够解开戈迪阿斯王车辕上的牛轭②结，谁就能成为国王，尝试者数以百计，几百年来仍然无解。亚历山大率兵打败了波

① “奥卡姆剃刀”的提出者是英国中世纪经院哲学家、方济谷教士奥卡姆（Occam，或Ockham，约1285—1349）。

② 牛轭：给牲畜在脖子上配大小适当的颈箍以防走脱。

斯国王，他也来到这个“戈耳迪之结”面前，也找不到绳头。于是，他举剑把绳子砍断，绳结自解。众人惊叹：原来可以这么简单！人们往往认为一旦问题是精密高深的，与之相匹配的解读也应该是复杂的，因此在复杂中求解，掉进了复杂思维的旋涡，从而迷失解决问题的正确方向。

在工业设计领域，日本设计师深泽直人算得上是“极简”设计师中的大师。深泽直人最著名的设计理念就是“无意识设计”，也可以叫做“直觉设计”，讲究将无意识的行为转化为可见之物。深泽直人的设计就是剥离细节，寻求根本。他设计的带托盘的灯，这款台灯的底座是个托盘，每当你下了班回家，把钥匙往托盘里一扔，灯就会自动亮起来，拿出钥匙也就关上了灯，非常人性化（图7-1）。

深泽直人的一款音乐播放器更为知名。这是一款将人的视觉、听觉和触觉融合到一起的经典之作，外形上将CD Player（播放器）和排风器融合，当你拉动垂下来的绳子，音乐声随即响起，再拉就关闭。他忽略了很多细节，直接将人的习性与产品进行匹配（图7-2）。

深泽直人对伞的设计，更是体现了“点”的奇妙应用。这把伞其实没什么特别之处，他仅仅是在手柄上设计了一个凹槽。不知道你会不会也有带长柄伞出门，在等车或等人站着时把重物挂在上面的习惯，这个伞把手的凹槽，就是为了满足挂物的需求（图7-3）。

把一切归于简洁，是人类发展的必然选择，科学发展的过程实际上也是一个不断简化的过程。爱因斯坦的狭义相对论，最后把复杂的能量归结为：$E=mc^2$。越简单，其概括性越强；越复杂，离真实越远。绝妙往往存在于简单之中，简单的思维是一种智慧。

图7-1　日本设计师深泽直人设计的带托盘的灯

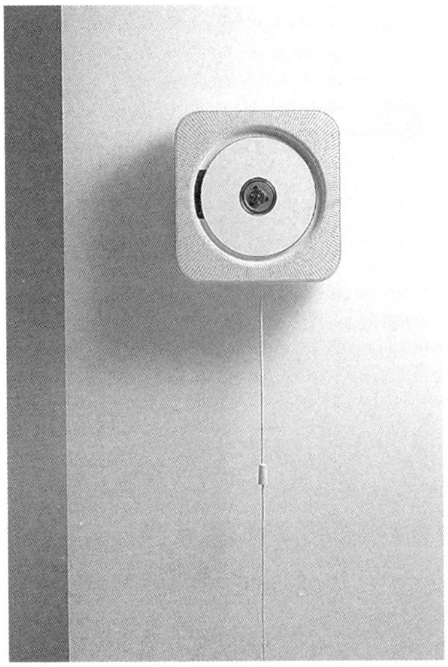

图7-2　日本设计师深泽直人设计的CD Player

图7-3　日本设计师深泽直人设计的伞

第二节　绘画中创意思维的经典应用

简洁是艺术性的第一个条件。——陀思妥耶夫斯基[①]

“画龙点睛”来源于中国传统成语典故，是典型的以“一点”唤醒生命体的案例。唐代画家张彦远[②]在《历代名画记·张僧繇》中曾记载，张僧繇于金陵安乐寺，画四龙于壁，不点睛。每曰：“点之即飞去。”人以为妄诞，固请点之。须臾，雷电破壁，二龙乘云腾而上天。二龙未点睛者皆在（图7-4）。

创意评价——“画龙点睛”一画，说明创意的简洁就像生命被唤醒的价值。（创意指数：★★）

齐白石[③]晚年受老舍所托，曾选了一组苏曼殊[④]的诗句按诗绘画，一共四句，分别是“手摘红樱拜美人”“红莲礼白莲”“芭蕉叶卷抱秋花”“几树寒梅映雪红”。齐白石以春夏秋冬画了四幅立轴。老舍在拿到这四张画时，眼睛发亮，因为不仅画得好，画上还有这样的题词：“老舍命予依句作画”，“应友人老舍命”。在有了苏曼殊四句诗画的先例后，老舍决定给齐白石出个“难题”。他选择了查初白的“蛙声十里出山泉”。齐白石接命题，在画作中用焦墨画两壁山涧，中间是急流，远方用石青点了几个山

① 费奥多尔·米哈伊洛维奇·陀思妥耶夫斯基（Fyodor Mikhailovich Dostoevsky，1821—1881），俄国作家，19世纪俄国文学代表人物。

② 张彦远（815—907），字爱宾，唐朝大臣、画家、绘画理论家。

③ 齐白石（1864—1957），原名纯芝，字渭青，号兰亭，后改名璜，字濒生，号白石、白石山翁，近现代中国绘画大师，世界文化名人。

④ 苏曼殊（1884—1918），近代作家、诗人、翻译家，革新派的文学团体南社的重要成员。

图7-4　画龙点睛

头，水中画了六个蝌蚪，蝌蚪顺水而下，不断发育成长，弥漫在十里的空间距离，届时形成了蛙声十里的时空景象。这件作品成为白石老人晚年的顶峰之作（图7-5）。

老舍曾为所求《蛙声十里出山泉》注明构图："蝌蚪四五，随水摇曳，无蛙而蛙声可想矣。"在文学家的想象中，此时虽无声实则蛙声一片，深谙其意的齐白石则用其精炼的笔墨呈现了极具生命律动的蝌蚪和潺潺出谷之山泉。两位大师的唱和在无意中拓展了中国绘画表现的领域，创造了以形表声会意的可能。

《凄迷灯火更宜秋》是另一幅老舍的命题作品，选自清代诗人赵执信的《七绝·凄迷灯火更宜秋》中的第一句。在这个作品中，齐白石在画中只画了窗户的一角，桌上画了一盏油灯，油灯火苗在风中摇曳，一叶知秋，翩然而下，秋意陡然而生。画中一点摇曳的油灯火苗，如画龙点睛，表达了凄迷、晚秋、寒风、落叶、贫瘠等时空情景，将中国画的意境美表现得淋漓尽致（图7-6）。

图7-5　齐白石《蛙声十里出山泉》

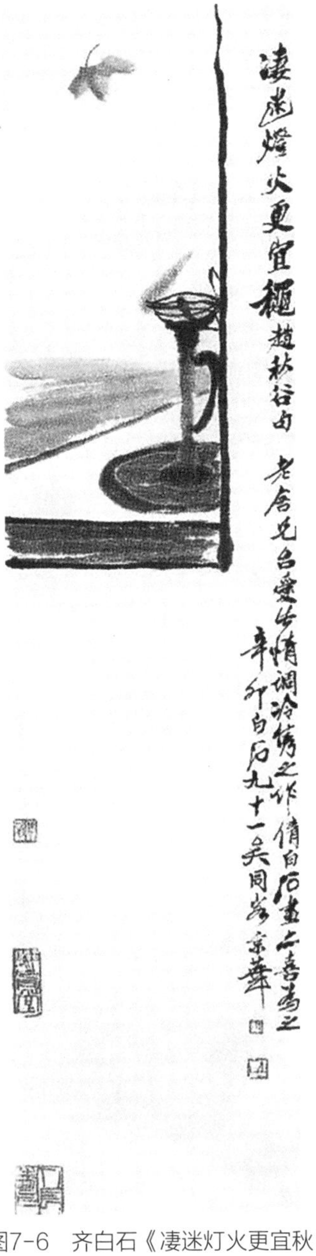

图7-6　齐白石《凄迷灯火更宜秋》

创意评价——齐白石作品《蛙声十里出山泉》，以几个墨点，表达出了一种超时空语境，是画界创意的经典之作。（创意指数：★★★★★）

草间弥生[①]是当代最有影响力的波普艺术家之一，有“圆点女王、日本艺术天后、话题女王、精神病患者、怪婆婆”等诸多标签。但这些都不足以囊括草间弥生复杂而多变的一生。草间弥生作品的创意特点就是立足于“点”的视域特点，把“点”诠释到极致，把“点”与现代语境相融合，表达“点”的世界观。南瓜系列是草间弥生的代表作品之一。

早在20世纪40年代，在草间弥生的学生时期，南瓜就已经作为符号出现于她的作品中。然而直到1981年，草间弥生正式创作第一件鲜黄色带有黑色小圆点的南瓜油画作品，南瓜才开始成为草间弥生的代表性标志。1993年，草间弥生被选为代表日本参加威尼斯双年展的艺术家，她搭建了一个《镜屋（南瓜）》，通过镜子的反射使得观者产生四面八方被南瓜包围的错觉。从此，草间弥生将平面感官的南瓜提升至实境中，开始了一系列大型尺寸的南瓜雕塑创作。超过人视线范围的巨大尺寸《南瓜》，使观看者如同置身于草间弥生幻觉中的那个被圆点完全覆盖的世界。艺术家试图借由作品来呈现自我的视觉经验，邀请观者一同体验那种将自己消弭在此种无终点与起点的符号的感知世界（图7-7）。

《南瓜》采用了草间弥生标志性的黄底黑点搭配，硕大饱满的南瓜外形，表面覆盖着草间弥生一颗颗徒手绘制的其因疾病产生幻觉时看到的圆点。黑黄相间的圆点随着凹凸的褶曲在表面渐层式排列，凸出面以较大的黑色圆点与宽松的密度强调其立体性，而瓜瓣凹陷处则是相对较小且密集的圆点，暗示其向内收缩的空间思维，圆点由大到小，再由小到大，层次的循环演进，勾勒出南瓜的有机性特征，强化了南瓜瓜瓣的立体度，同时象征着草间弥生所关注的无限繁殖力。艺术家通过立体雕塑总结毕生执着的艺术观点，以及对于艺术的追求和执念。

创意评价——草间弥生以圆点作为载体，表达她的艺术观念，其艺术内涵十分深厚。（创意指数：★★★★★）

图7-7　草间弥生 雕塑《南瓜》

① 草间弥生（Yayoi Kusama，1929—今），日本当代画家、艺术家、作家。

第三节　设计中创意思维的经典应用

少即是多。(Less is more.)——密斯·凡·德·罗[①]

日本设计师面出薰[②]，把一根根天然的小枯枝抹上火柴用的发火剂，将火柴变成了一朵朵正含苞待放的、惹眼的红梅。面出薰提出的这个火柴方案，让这些小枯枝在回归泥土前被赋予了一个另外的角色——火柴。为产品的使用制造了温馨、浪漫的场景，十分悦人，体现创意思维的奇妙应用（图7-8）。

创意评价——面出薰作品设计所传达的可持续发展理念，体现了一种设计的温度，令人叫绝。（创意指数：★★★★★）

玛丽莲·梦露是美国20世纪60年代的好莱坞著名影星，具有广泛的世界影响力。人们对她的崇拜达到了极致，其面部上的黑痣是她具有代表性的识别特征。奔驰公司巧妙地用奔驰标志对黑痣进行置换，达到了宣传品牌的目的。虽然，这只是简单地改变思维，但产生的广告效应却是恰到好处，巧妙生辉。奔驰公司利用了粉丝的这种狂热崇拜的心情，暗示奔驰汽车与明星具有同样的魅力，让消费者感受到，拥有了奔驰汽车就像拥有了自己偶像一样的自信、自豪、荣耀（图7-9）。

创意评价——奔驰广告作品以"点"到面，让玛丽莲·梦露在无形中做了代言，这一作品是广告中的经典之作。（创意指数：★★★★★）

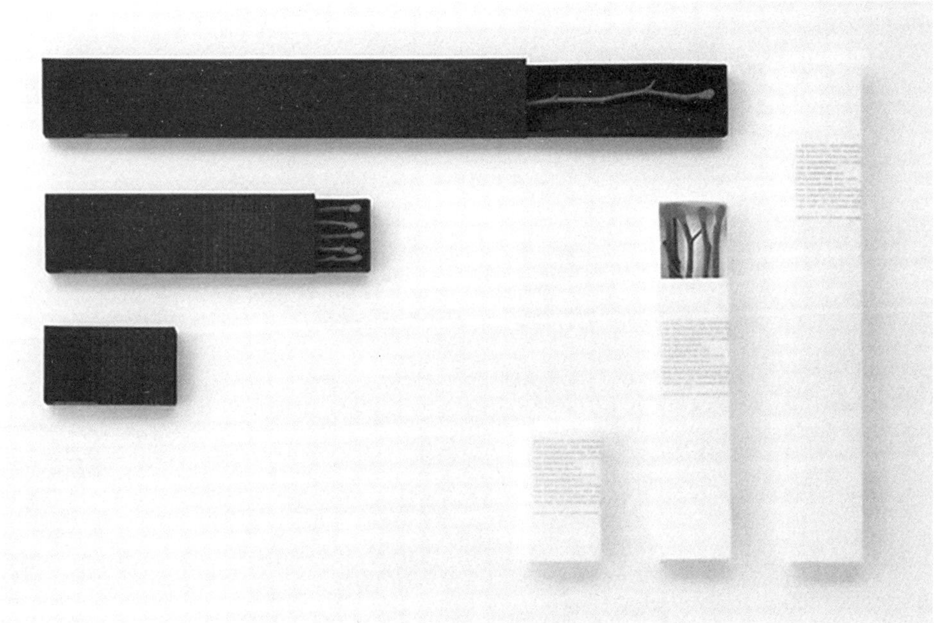

图7-8　面出薰火柴包装设计

① 密斯·凡·德·罗（Ludwig Mies Van der Rohe，1886—1969），德国建筑师，著名的现代主义建筑大师之一，与赖特、勒·柯布西耶、格罗皮乌斯并称四大现代建筑大师。

② 面出薰（Kaoru Mende，1950—今），日本设计师，创建了LPA设计公司。

第二届“靳埭强设计基金奖[①]”中，获得“未来设计师大奖”的海报《圆》是一幅运用了“创意思维”的杰作。作品《圆》采用了正负形设计，画面的正形是一个玉镯，中间有一个小小的缺口，这个缺口为负形，是中国台湾省地图的形状，不言而喻，我们可以从图形体会到，圆形的玉镯代表完整的祖国，但破碎的一小块指祖国尚未实现完全统一，还未解决台湾问题。画面运用了比喻的手法，同时也运用了正负形的设计方法（图7-10）。

创意评价——作品《圆》以“缺”表达完美的寓意，堪称绝妙。（创意指数：★★★★★）

对于苹果公司来说，乔布斯的去世是他们的巨大损失。“没有乔布斯的苹果，这个空缺无法填补！”这是无数苹果迷的心底话。香港理工大学设计学院的一位平面设计专业大学生麦朗对此也“震惊不已”，于是便干了一件在他看来是纪念乔布斯的最好方式的事情——设计了一枚新的苹果“标志”。这位学生在苹果经典标志被咬的缺口巧妙地融入乔布斯的侧影，完美地呈现出后苹果时代的象征。麦朗将这一新设计的苹果“标志”上传到了自己的博客中。最初，只有少量留言评论他的作品。然而，在乔布斯的死讯传开以后，麦朗再次上传图片表达对乔布斯的敬意，这次他的作品在网络上彻底“火了”。图片一经发布，就立刻吸引了近1万次的回复，一天内点击率近20万次。

这个设计以凝重的黑白色调和鲜活的形象进行构图，令苹果粉丝深切地感受到失去乔布斯所带来的内心深处的遗憾。麦朗在苹果原有的缺口上做了创意改变，不仅仅是将其换成了乔布斯的侧面剪影，而且是使这种设计风格恰好吻合苹果公司的设计理念。网友评论“像史蒂夫·乔布斯的风格”，还有人认为，这应该成为“苹果新的商标”（图7-11）。

图7-9　奔驰汽车玛丽莲·梦露篇

图7-10 《圆》

① “靳埭强设计基金奖”是由著名设计师靳埭强先生于1999年创办的一个面向全球华人青年的设计比赛。

图7-11　麦朗 缺失乔布斯的苹果

麦朗因其设计的乔布斯侧像标志而被津津乐道，他的另一个得意之作也充分地显示了年轻设计师的才气。2011年底，麦朗受跨国广告公司奥美中国的邀请，为可口可乐设计广告海报，并再次凭借着其简约但充满内涵的设计风格脱颖而出，有关作品被采用为可口可乐全球营销活动的户外广告。与上次设计苹果标志的方式一样，麦朗这次沿用了在标志性形象上稍作改变的理念，将可口可乐红色背景上的白色飘带描绘成两只握着同一瓶可乐的手，展现出分享一瓶可乐时的欢乐，给人带来一种既熟悉又耳目一新的感觉。

麦朗在创作海报的时候，着重找寻看似不相关事物的共通性，并把各种元素融为一体，希望通过组合实现“1+1＞2”的效果，创作出风格简约的视觉双关设计。他把所有可口可乐的重要品牌元素都结合在一起，意味着这张海报可以不需要文案，对“简约至上”进行了淋漓尽致的诠释（图7-12）。

创意评价——麦朗的两幅作品，均以“极简”的创意取胜，形象直观、妙趣横生。（创意指数：★★★★★）

日本的富士幼儿园曾被经济合作与发展组织（OECD）评选为世界上最优秀的教育建筑，它是由享誉盛名的设计师手冢贵晴和手冢由比夫妇两人设计的，是一个具有轻微危险性，可能会让孩子“受伤”的幼儿园（图7-13）。

这是一个无墙壁、无阻隔的环形建筑，孩子们可以在房顶、操场、室内自由奔跑。在这座围绕着一棵百年树龄的榆树建造而成的富士幼儿园中，没有护栏、没有方方正正的教室，因而孩子们也没有隔阂和紧张感，更加无拘无束。这似乎有悖设计的安全准则，但是设计师思考的正是需要让孩子们接触一些轻微的危险。因为成长不可以过度保护，一些小小的挫折是孩子们本应经历和体验的，经历过一些磕磕碰碰，才能让他们学习如何在这个世界上生存，这样的教育方式正是我们如今逐渐忽视的。

图7-12　麦朗 可口可乐海报

图7-13　日本富士幼儿园设计体现轻微危险教育理念

不要把小孩看得太脆弱了，你给他屏蔽了很多东西，但他早晚要接触到这些东西，当他接触到的时候，他还是要自己去解决，你只是把这些问题推迟了。——《盗火者》

轻微的危险反而更能让孩子们远离真正的危险，“用不安全来实现真正的安全”，这个创意点是很值得借鉴的。日本富士幼儿园很好地诠释了什么是真正的教育，也给很多教育工作者提供了创意的新领域，思考什么才是孩子真正需要的。

创意评价——该作品以创意取胜，将一种发展的理念融合在设计中。（创意指数：★★★）

第四节　公益传播中创意思维的经典应用

Innocent是英国的一家软饮料公司，也是英国第一家瓶装果汁企业，更是第一家在产品上印上广告文案的公司，现已被可口可乐公司收购。

冬天是销售果汁奶昔的淡季，Innocent为了能够在寒冷的冬天卖出更多商品，想了一个很有创新点的营销手法——把商品和慈善捆绑在一块混搭销售。这样的营销方式做得可以说是叹为观止，既能提高企业的知名度和社会地位，又帮助了真正有需要的人，还创造了一大笔收益，可谓是一举三得。

具体的营销策略是这样的：如果你织了一顶奶昔瓶的帽子，并把它寄给Innocent，那么当这瓶奶昔被售出，Innocent就会为英国老年人慈善机构Age UK捐助25p（相当于人民币2.5元）。Innocent每卖出一瓶戴有帽子的奶昔所捐出的25p，保证了英国老年人冬天的“温暖”。Innocent使全民参与到商业与慈善的活动中来，创造了社会上的织帽大军，活跃了英国的慈善事业，此举也使得Innocent的销售业绩在短期内有了数百万英镑的增长。这种方法现在已经被广泛应用于各种商业营销中，例如，很多电商商家都会加入“公益计划”，每成交一笔都会为慈善事业做出一份贡献（图7-14）。

图7-14　Innocent产品图例

创意评价——Innocent以创意取胜，让设计有了人性和温度。（创意指数：★★★★）

“戛纳国际创意节”是全球广告界和创意界最具影响力的年度盛事，被誉为“广告界的奥斯卡”。加入戛纳创意节的“健康狮”，作为广告节的开幕，于2014年被首次颁布，分为健康类和制药类，专为在医疗事业、健康事业和可持续发展领域做出非凡创意的组织和企业设立。2018年，“Immunity Charm：给孩子的一串手链”，这个印度作品拿下了戛纳Grand Prix for Good全场慈善大奖。这个作品为什么如此出众呢？

原来，在阿富汗的很多地区，由于民众受教育水平不高、医疗条件较差，且新生儿的疫苗接种率普遍处于全球最低水平，导致每年有很多儿童因病致死或致残。即便有些孩子打过了部分疫苗，但他们的家长对此不甚重视，医保卡丢了就不再带孩子前来接种了，这给医疗工作者带来了很大的困扰。对此，麦肯健康和阿富汗公共卫生部在2018年4月发起了“Immunity Charm”——免疫手链项目，致力于改变现状。那么，免疫手链的想法从何而来呢？就像每个国家和地区都有自己的传统习俗一样，阿富汗也有，那就是给新生儿佩戴珠串。珠串一般以红黑两色为主，象征着吉祥和庇佑。于是他们从医院入手，每一个新出生的婴儿都会得到一串赠送的手链，当母亲们带着婴儿到医院接种疫苗时，医生就换上一颗彩色的珠子，并在不同的颜色刻上编码，代表着不同的药，当孩子接种后，珠串也增添了新的色彩。父母为了让孩子获得更多庇佑，会自发地给他们定期接种疫苗，而且就算丢失了医保卡，医生也能通过珠串的颜色了解孩子打过的疫苗、接种时间等情况，为医务工作者提供了便利。

以佩戴手串为一个重要的突破口，从传统文化出发，制定创意策略，这本身就是一个很好的创意点，即使在偏远的阿富汗农村，象征吉祥的手链也能获得家长们的理解和欢迎，打破了偏见，为医疗事业做出了卓有成效的贡献（图7-15）。

创意评价——免疫手链，把信息可视化表达，与民族风格融合在一起，是形式与功能统一的力作。（创意指数：★★★★）

图7-15　阿富汗免疫手链

英国Women's Aid是一个致力于消除妇女和孩子遭受到的家庭暴力和性暴力的慈善机构。众所周知，女性群体在家庭中处于弱势地位，从而容易遭受暴力。在临近国际妇女日时，为倡导社会关注并保护女性，Women's Aid与英国WCRS广告公司以及Ocean Outdoor媒体公司联合制作"Look at me"反对家庭暴力广告——"If you see it, you can change it."（如果你能看见，你就能改变。）

该广告的画面中心是一位脸部有明显伤痕与淤血的女人的面庞，这个广告牌运用了独特的面部识别技术，当有路人看见牌子上鼻青脸肿的女人时，每多关注一眼，这个广告牌女人脸上的伤就能痊愈得快一点。随着看这个广告牌的人越来越多，这个受瘀伤的女人脸上会逐渐恢复，直到痊愈如初。只要你多看她一眼，她的伤就能早日愈合。

不同于以往反家暴主题的创意，这个广告结合新科学技术，把家暴的伤害曝光在街头引起关注，起到了一个很好的警示作用，提醒人们不要对身边的家庭暴力问题视而不见，同时传播了女性保护的重要性。很多时候，关注也是一份力量，也许多一点关注，家暴问题就能早一天得到解决（图7-16）。

创意评价——反对家庭暴力广告，巧妙地把"如果你能看见，你就能改变"阐释得完美，在视觉与心灵上都是一场洗礼。（创意指数：★★★★★）

图7-17是由CHEIL的创意总监金洪德（Thomas Hong-tack Kim）宣讲中提到的一个案例，现代社会中，想做公益的人很少付诸行动。现在，这里提供了一个创意的解决方案——多一个条形码。那么，奏效吗？

研究表明：89%的人都希望捐款，但是事实上只有0.9%的人捐了。Minewater品牌希望向每个人展示纯净的、富含矿物质的水是好水，因此，发起了这波宣传来帮助

图7-16　反对家庭暴力广告

图7-17　水滴条形码捐款

那些没能获取到安全饮用水的人。这两个看似没有关联的事情，却被一点创意结合在了一起。那就是把矿泉水与消费者联系，将捐款变得简单。

众所周知，几乎所有商品都有条形码。Minewater 设计了两个条形码，扫描其中的一个是花一块钱来买一瓶水，而扫描另外一个，会为非洲儿童捐赠10分钱。这个新的条形码的形状是一个水滴，叫“Barcodrop”，你如果不想捐款可以撕掉它，如果愿意就扫，非常简单，每买一次水都可以为这个世界带来多一点的快乐。仅仅两周时间，51%的人就通过水滴码进行了捐款，并且很快开始在社交媒体上传播，在韩国分享水滴码变成了一种潮流。这个传播攻势将严肃复杂的社会责任变得简单有趣，让人们在喜欢捐款的同时，也对Minewater产生了好感，使得Minewater的销量在前两周提升了244%！

创意评价——该作品通过条形码的引入，巧妙地引发互动参与，是BI（行为识别，Behavior Identity）设计的典范之作。这一设计是对视觉与心灵的一场洗礼。（创意指数：★★★★）

第五节　商业营销中创意思维的经典应用

“白天吃白片，不瞌睡；晚上吃黑片，睡得香”这句熟悉的广告语几乎已经到了尽人皆知的程度。白加黑上市仅180天，销售额就突破1.6亿元，在拥挤的感冒药市场上分割了15%的份额，1年多的时间就从零做到全国市场第二，在营销传播史上堪称奇迹。这一现象被称之为“白加黑”震撼，对营销界产生了强烈的冲击。

白加黑问世之初，中国的感冒药市场大多被合资、外资品牌占据，比如：康泰克、帕尔克、康得等品牌，再加上“999感冒灵”等民族品牌的存在，感冒药品牌彼此之间的竞争非常激烈。白加黑能在短短一年里就后来居上，关键在于其崭新的品牌概念，这一创新点的提出，是在同质化的市场中，发掘出了独特的销售主张，做出了真正意义上的实质性突破（图7-18）。

白加黑首次在感冒药这个品类中提出了分时感冒药的概念，这不仅是个了不起的创意，更重要的是，它与消费者的生活形态相符合，从而引发了广泛的传播效果。白加黑的营销思维不同于其他品牌的感冒药，而是有效地形成了一个差异化定位的概念。它不是吹嘘“我们品牌的感冒药怎么好、怎么便宜，快来买买买！”而是首先让消费者有一个潜在的认知定位：如果你感冒需要吃药，这个药在白天上班的时候吃了不会瞌睡（市面上的感冒药吃了都容易使人打瞌睡），晚上吃了还能睡得香，那么这时候你可以来买我们品牌的药，因为我是这方面感冒药的专家！同时，对于年轻人来说，让感冒不影响工作学习生活，简直是再好不过的事情了；而对于老年人来说，白片和黑片的区分，避免了可能因眼神昏花而吃错药的问题。无论是针对哪类人群，购买白加黑的理由都多于购买其他品类的感冒药，那么为什么不买白加黑呢？这样的创意点，不仅帮广大群众解决了真正的问题，也为企业带来了巨大的经济效益，更为商业营销业内做出了成功的表率！

创意评价——作品通过“白+黑”，即白天与黑夜的形象联想，以概念创意创造新的消费空间。（创意指数：★★★★★）

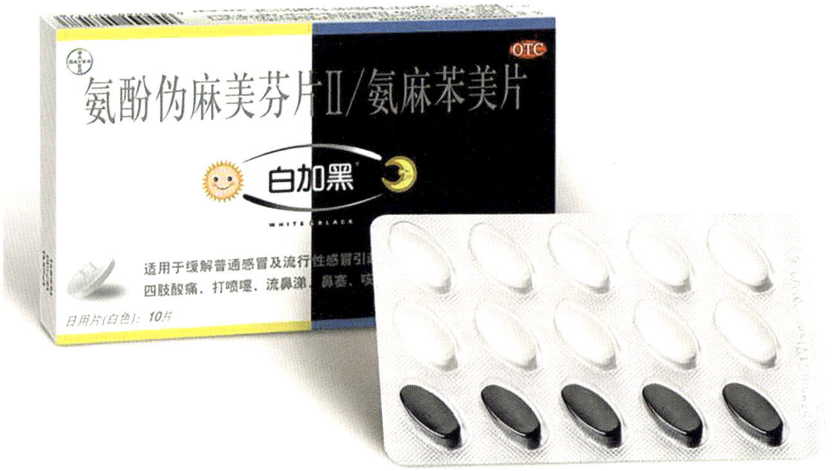

图7-18　白加黑产品

2018年6月，夏日炎炎，锐澳RIO与国民品牌六神花露水合作，推出了“体内外驱蚊套装”——锐澳·六神风味鸡尾酒。一个是年轻的鸡尾酒品牌，一个是国货老字号，两个品牌产生的“化学反应”，颠覆了所有人的想象（图7-19）。

本次联名发售的套装包含1瓶“外用”的六神花露水和2瓶“内用”的RIO特调酒。有趣的是，酒的包装沿用了六神花露水的经典透明玻璃樽设计，打破了国货怀旧与潮流的界限，让人傻傻分不清楚。不仅如此，最新发布的预售还贴心地为消费者附上了正确的饮用姿势。可以喝的六神花露水，内外服用，一口入魂，二口驱蚊。“妈妈再也不怕我被蚊子咬啦！”RIO同时搞起了饥饿营销——限量2500组。上线仅仅17秒就被抢光，连空瓶都被炒到了将近400块，其火爆程度可见一斑。这是一个连花露水都抢不到的时代！

RIO鸡尾酒作为行业的“颠覆者”，在中国市场开辟了新的品类，本身就十分受年轻人的欢迎。而六神作为国民品牌，在外国人看来也是中国的“国宝级”产品，二者是基于天猫的“国潮”计划进行的创意结合。RIO鸡尾酒在“有趣”这件事情上一直都格外认真，派出最有实力的调酒师，经过三个多月的配方开发与产品测试，终于打造出了“RIO六神花露水风味鸡尾酒”这一创意十足的产品，让人耳目一新。

近年来的品牌联名创意层出不穷，想要真正达到好的传播效果，就需要一个很好的创意结合点。“可以喝的花露水”这种概念正好精准踩在了创意点上，锐澳RIO与六神花露水的成功联名为很多企业品牌提供了一个很好的借鉴。

创意评价——作品将国民品牌花露水与风味鸡尾酒这两个不相干的记忆形态，通过创意的相加，创造出一种新的销售模式，堪称经典。（创意指数：★★★★）

图7-19 锐澳·六神风味鸡尾酒

2015年5月6日，小米、努比亚、360 扎堆发新品，没想到天猫联手“苹果”硬是横插了一杠子——“天猫2015苹果新品发布会”，整个微博都被“苹果新品”刷屏了（图7-20）。

事件的起因是：天猫官方账号发布了一条微博——“2015苹果新品发布会，再一次改变世界。”不明真相的消费者满心疑惑，苹果什么时候开始在中国全球首发了？而且据传，这款新品无论是外观、尺寸还是材质，都与以往的产品完全不同！于是，人们在好奇心的驱使下点进天猫旗舰店，没想到原来竟然是在卖真的苹果！

官方视频中介绍道：“人们已经习惯拥有苹果，而我们正努力在天猫汇聚全球顶级的苹果，让更多人享受到苹果所带来的极致体验。”然后是对苹果的各种结构数据进行解构分析：“6.8cm的黄金握感，1700° 甜度跑分，180G超大容量。使用了最前沿的生物技术，具有完美的曲面弧线和高度的对称设计，每一项都独一无二，这是一款极致的全球限量产品。”“进口新西兰红苹果Queen新鲜直供！”再看价格，这样高大上的进口苹果的只要39元就可以买到6个，还包邮，简直太划算了！还犹豫什么，赶紧下单！

这个跨界创意的点找得很准，在全球果粉的追捧之下，苹果的知名度和销售营业额可谓是第一位的，借这个噱头，“用‘苹果’卖‘苹果’的方式卖真的苹果”，虽然“此苹果非彼苹果”，但在营销上可以说是十分成功了。

创意评价——作品通过“苹果与Apple”的两个形态形成错觉认知，以企业品牌寄生的创意思维引导消费。（创意指数：★★★★）

图7-20　某电商平台用“苹果”的销售方式卖苹果

第六节　创意思维的评价

一个一流的创意，三流的执行，我宁可喜欢一个一流的执行，三流的创意。

——马云

以上是马云对创意的评价，创意固然很好，但需要经过执行转换，使它产生应用价值。评价一个创意的好坏，需要用创意效度进行验证，这就是创意评价的九字法——意、益、艺、异、易、议、宜、逸、忆。引申为：创意、创益、创艺、创异、创易、创议、创宜、创逸、创忆。这九字法就是评价创意优劣的根本（图7-21）。

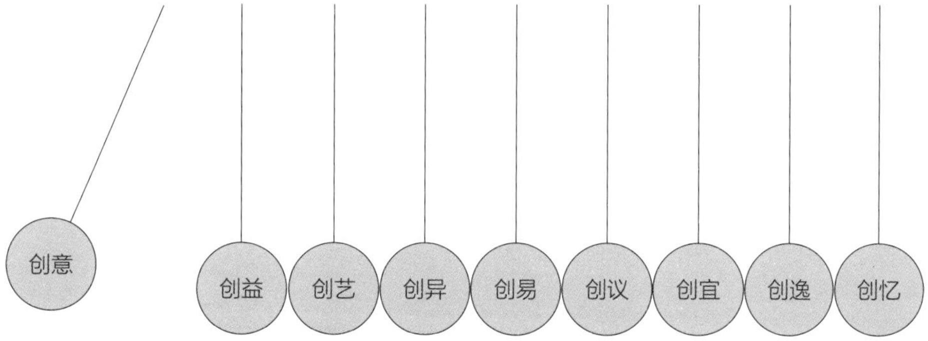

图7-21　创意评价的九字法

创意评价九字法

一、创意

“意”即新的主意，包括点子、建议、构想、意义、意境、意思等。创意首先是一种不平凡的、富有创见性的思维方式和思维成果。换句话说，创意就是创造新意。

那么，创意到底是什么？有人说创意是出其不意的构想，引人入胜，精彩万分；有人说创意是捕捉出来的点子，是创造出来的奇招……这些说法都对，都说明了创意的某些特质。事实上，创意是一种传达信息的特别方式，一种思维的方式，一种生活的态度。

二、创益

益，是汉语常用字，其古字形像器皿中的水满溢而流出，本义为充满而向外流。许慎[①]在《说文解字》中写道：“从水、皿。皿，益之意也。”后表示增益，由于增加了，得到的好处更多了，所以“益”又引申指好处、受益、效益。

我们说“创益”，就是说创意带来的好处，换句话说，就是“收益”。

① 许慎（约58—约147），字叔重，东汉时期著名的经学家、文字学家。编撰了世界上第一部字典《说文解字》，后人尊称为“字圣”。

创意起源于一个模糊的构想，需要进行应用转化，进而成为一个发明，最后再通过商业化带来收益。“创”是创新，是手段和措施，“益”为增进，是附加值实现的好处，“创”与“益”的结合能够实现多重经济价值在创新动力推动下的增值效应。由此可见，创益是创意的驱动力。

三、创艺

艺，古字写作“埶”，形像一个人双手持草木，表示种植。“艺”又引申为“才能、技能”等义。行业的技艺，如果能达到出神入化的地步，都会给人以艺术性的享受，故“艺”有艺术之意。

萧子显①在《南齐书》中写道：“文章者，盖性情之风标，神明之律吕也。蕴思含毫，游心内运，放言落纸，气韵天成；莫不禀以生灵，迁乎爱嗜，机见殊门，赏悟纷杂。”这里用“性情”“神明”“气韵”“生灵”等词语鲜明地表达了其艺术之美。

曾经有位评论家说过，设计师只要满足用户的功能需求，把它做到极致，那么这个设计就一定是美的。创意也同样，好的创意达到一定的高度，自然也具备艺术性。

四、创异

异，直译为不同、差异。创异就是创造不同，是创意的根本。所谓不同，就是打破常规、标新立异。检验创意的成立与否，创异是重要的衡量标准之一。

我们可以说，创造性活动本身就是一种“异常”行为，之所以会有创意的产生，就是因为它是对原有框架的突破与发展，其精髓就在于打破常规，敢于拥有标新立异的思想品质。

五、创易

据《简易道德经》里所述：“简则简，易则易。简则简之易，易则易之简，万物皆在一简一易中矣。”“易”在现代语境下，表示容易，与“简”关联；“简”是把万物复杂的现象用最简洁的方式表述。也就是说，“创易”要求你的“创意”要简洁、容易，不要复杂化，是衡量创意优劣的标准之一。

六、创议

“创议”的“议”，在现代语境下理解为“讨论”“话题”。繁体字“議”字形采用“言”作偏旁，采用“義”作声旁。许慎在《说文解字》中写道：“語也。从言義聲。宜寄切。”我们说“创议”，是指创意产生的议题，即影响。如果你的创意作品在社会

① 萧子显（487—537），字景阳，南朝梁历史学家，“三萧”之一。

上产生了很大的反响，自然证明创意是好的，从设计学的角度上来说，“创议”有几分设计批评的意蕴。检验创意的成立与否，“创议”也是重要的衡量标准之一。

七、创宜

宜，其古字形一般认为像砧板上放着两块肉的样子，本义是菜肴。有饱饭吃，而且有肉吃，生活自然是惬意的。故宜引申为相宜、适宜，又引申为适合、适当、应当、应该的意思。许慎在《说文解字》中写道：“宜，所安也。”说明，“宜”就是让人感到舒服、安逸。“创宜”就是要求我们的创意要符合逻辑，也就是合情、合境、合理，这样的创意才合宜。“创宜”也是衡量创意的重要标准之一。

八、创逸

逸，在中国画论里的解读最为复杂。“韵”与“逸”是中国古代关于诗、文、书、画的批评术语。叶朗①先生在《中国美学史大纲》中早有论述：“逸的生活态度和精神境界，渗透到艺术中，就出现了所谓的‘逸品’（逸格）。”徐复观②先生主张“逸格即是得之自然，可知逸与自然是一而非二”，“‘得之自然’便是逸，则逸即是自然，自然即是逸。”

个人对于“创逸”的理解，就是指创意要自然生动，“心象”合一。逸者，心也。这就需要我们的创意要能够“打动人心”，这既是创意的真谛，也是检验创意好坏的标准之一。

九、创忆

“忆”，本义是指回想、回忆，引申为“留有余味”或“回味”。一个创意作品看过以后，能够让你若有所思、余味缠绕，那这个作品一定是上乘精品。所以，“创忆”是检验创意的重要评价标准。

以上是对创意优劣进行评价的标准。决定创意的成立条件，需要用这“九字法”去验证，符合这“九字法”的创意自然是上乘之作。

① 叶朗（1938—今），北京大学哲学系教授，博士生导师。

② 徐复观（1903—1982），学者，思想家。新儒家学派的大家之一。

第七节　创造性地生活

如果你想造一艘船，不要抓一批人来搜集材料，不要指挥他们做这个做那个，你只要教他们如何渴望浩瀚的大海就够了。

——圣-埃克苏佩里[①]

在《十四堂人生创意课》一书中，李欣频[②]总结到："创意是可以学习的，它不是一种技巧，而是人生资源的积累和能量的开发。要想提出优秀的创意，首先就要学习如何创造性地生活。只有掌握了生活的技巧，不断丰富和深化人生的质量，才能在需要的时候，使能量瞬间迸发，从而产生优秀的创意。"

一、世界上"最好的"工作

2009年，澳大利亚昆士兰旅游局在全世界范围发起了一场申请"全世界最好的工作"的活动，获胜者不仅可以获得一份15万澳元/6个月的高薪工作，还可以享受大堡礁的豪华住宿待遇。在风景如画的岛屿上散散步、喂喂鱼、写写博客，告诉外面的人自己在岛屿上的"探索之旅"。这样工作6个月，就可以得到15万澳元（约70万人民币）的薪酬，工作地点是澳大利亚的大堡礁，面向全世界招聘。求职方式是录一段视频发到昆士兰旅游局的邮箱。

最终，活动一共收到了来自202个国家和地区的近3.5万份工作申请，招聘网站的点击量超过800万。昆士兰旅游局大费周章不只是为了招一个看护员，而是为了发展大堡礁旅游业。70万人民币作为推广费用可以说是非常少，但他们的宣传很成功，据媒体报道，本次活动一共为大堡礁带来了相当于2亿美元的宣传效果。

二、打1折

商家进行打折拍卖是常有的事，人们并不会对此大惊小怪。但有人能从中想出"打1折"的营销策略，实在称得上是高明的、"枯木抽新芽"般的创意。

日本东京有个银座绅士西装店，这里就是首创"打1折"销售的商店，曾经轰动了整个东京。当时销售的商品是"日本GOOD"，具体的操作是这样的：先定出打折销售的时间，第一天打9折，第二天打8折，第三天、第四天打7折，第五天、第六天打6折，第七天、第八天打5折，第九天、第十天打4折，第十一天、第十二天打3折，第十三天、第十四天打2折，最后两天打1折。

商家的预测是：由于这种销售策略让人吃惊，所以，前期的舆论宣传效果应该会很好。抱着猎奇的心态，顾客们将会蜂拥而至。当然，顾客可以在打折销售期间随意选定购物的日子，如果想要以最便宜的价钱购入，那么你在最后的那两天去买就行了，但是，你想买的东西不一定能留到最后那两天。

---

① 安托万·德·圣-埃克苏佩里（Antoine de Saint-Exupéry，1900—1944），法国作家。代表作有小说《夜航》，散文集《人的大地》《空军飞行员》，童话《小王子》等。

② 李欣频（1970—今），著名广告人，女作家。

实际情况是：第一天前来的客人并不多，如果前来也只是看看，一会儿就走了。从第三天开始，客人就一群一群地光临。到第五天打6折时，客人像洪水般涌来，纷纷开始抢购，之后就连日爆满，还没等到打1折，商品就全部买完了。

那么，商家究竟赔本了没有？实际上，一旦顾客纷纷急于购买到自己喜爱的商品，就会引起抢购的连锁反应。商家运用独特的创意，把自己的商品在打5、6折时就已经全部推销出去，"打1折"只不过是一种心理战术而已，商家怎能亏本呢？

三、明亏暗赚

日本松户市原市长松本清是一个头脑灵活的生意人，在他经营"创意药局"的时候，曾将当时售价为200元的膏药以80元卖出。由于80元的价格实在太便宜了，所以"创意药局"连日生意兴隆，门庭若市。由于他不顾赔本的销售膏药，所以尽管这种膏药的销售量越来越大，但赤字却免不了越来越高。那么，他这样做的原因是什么呢？原来，前来购买膏药的人，几乎都会顺便买些其他药品，这当然是有利可图的。靠着其他药品的利润，不但弥补了膏药的亏损，同时也使整个药局的经营出现了前所未有的盈余。这种"明亏暗赚"的创意，是以降低一种商品的价格的方式，起到促销其他商品的目的，不仅吸引了顾客，还大大提高了药局的知名度，名利双收，真是一举两得的创意！

四、加油彩票

Caltex是菲律宾的一个加油站品牌（类似于国内的中国石油、中国石化），为了吸引消费者到自己的加油站来加油，他们推出了一个"加油彩票"的活动。

当司机把车开到加油站以后，第一步，在加油站拿起油枪给自己的汽车加油（中国加油站一般都是有服务员给汽车加油，而在国外很多地方都是自己拿着油枪给汽车加油）。第二步，等待油表自动完全停止，即等油自动加满，不能人工设置，如果油表显示尾数和你的车牌号尾数一样，油费就全免。比如，油表显示你加了44.577升油，尾数是7，而你的车牌的尾数也是7，那恭喜你，本次加油费用全免。

就是这么一个简单粗暴的活动，却吸引了大量人在社交媒体上传播分享，在整个网络上获得了11亿的点赞数。Caltex在菲律宾全国72个加油站搞了这个活动，最关键的是，这次活动使加满油箱的车主达到233%，销售额增加了198%，是一次非常成功的打折促销活动。这个变相的博彩，让消费者先进行投入（隐形的投入，消费者感知不明显），即必须自动加满油才能玩这个活动，巧妙地提高了客单价，从而提高了销售额。

受"加油彩票"活动的影响，如今这类靠随机事件或者博彩类方式打折的案例越来越多，最简单的就是把手机拿出来，打开秒表，只要按到了某个数字就可以享受优惠，抖音上有很多这种案例，淘宝上甚至还有这种专用的小电子设备售卖。

以上的各个案例，无不指向创意来源于对创新生活的积累，爱生活、创新生活，创意自然光临于您！

以此为结尾，勉励每一位立足创新的创意人。

课后作业（二选一）

1. 你认为什么是创造性地生活？创造性地生活与创意思维有何联系？
2. 如何培养自己形成创造性的生活方式？请提出几种实用的方法或建议。

思政训练项目

分析生活中体现创意思维的经典案例，通过切身感受和深入分析，讨论如何从这些案例中获得正向启发，树立正确的价值观。

参考文献

[1] 彭聃龄. 普通心理学[M]. 北京：北京师范大学出版社，2004.

[2] 吉尔福德. 创造性才能：它们的性质、用途与培养[M]. 施良方，沈剑平，唐晓杰，译. 北京：人民教育出版社，2006.

[3] 段继扬. 试论发散思维在创造性思维中的地位和作用[J]. 心理学探新，1986(3)：31-34.

[4] 杨文圣，李振云. 试析发散思维是创新思维的核心[J]. 衡水学院学报，2003(04)：64-66.

[5] 肖坤. 浅谈唐画论中的"逸"[J]. 新西部，2011(07).

[6] 诺曼·道伊奇. 唤醒大脑：神经可塑性如何帮助大脑自我疗愈. [M]. 北京：机械工业出版社，2016.

[7] 诺曼·道伊奇. 重塑大脑，重塑人生[M]. 北京：机械工业出版社，2015.

[8] 罗伯特·弗兰兹. 创意无限[M]. 杨颖，译. 北京：中国社会出版社，2005.

[9] 周耀烈，刘艳彬. 创造性思维：创意生成的智慧[M]. 长春：吉林大学出版社，2010.

[10] 杨培明. 创思八讲：创意、创新与创造性思维[M]. 北京：北京师范大学出版社，2014.

[11] 那子纯. 思维创新[M]. 北京：中国人民大学出版社，2014.

[12] 赖声川. 赖声川的创意学[M]. 北京：中信出版社，2006.

[13] 巴奈特·贝恩著. 灵感的运转[M]. 王雨晴，译. 北京：金城出版社，2018.

[14] 邱伟. 思维风暴——22种黄金思维[M]. 北京：中国华侨出版社，2012.

[15] 库兹韦尔. 如何创造思维：人类思想所揭示出的奥秘[M]. 盛杨燕，译. 杭州：浙江人民出版社，2014.

[16] 秋泉. 墨菲定律[M]. 北京：北京燕山出版社，2018.

后记

《创意思维基础》的成稿过程中，笔者借鉴了很多优秀案例和学术文献，其中许多文献具有启发性，为笔者创意思维的形成做了重要的铺垫。创意思维是个具有开放性、探索性的议题，每个人的思维角度不同，就会产生认知上的差异，笔者同样也受思维视角的局限，在创意思维表达上只是源于个人主观上的认知，并不代表创意思维的定论。本书存在着许多不足，难免会在认知和观点的表达上有所偏差，也恳求同行或读者能够给予斧正，以便今后修订，使本书进一步完善。

杨勇